과학드림의
무섭게 빠져드는 과학책

과학드림의 무섭게 빠져드는 과학책

읽다 보면 어느새 과학이 쉬워진다!

초판 1쇄 발행 · 2023년 10월 20일
초판 3쇄 발행 · 2024년 8월 16일

지은이 · 과학드림(김정훈)
발행인 · 이종원
발행처 · (주)도서출판 길벗
브랜드 · 더퀘스트
주소 · 서울시 마포구 월드컵로 10길 56(서교동)
대표전화 · 02)332 – 0931 | **팩스** · 02)322 – 0586
출판사 등록일 · 1990년 12월 24일
홈페이지 · www.gilbut.co.kr | **이메일** · gilbut@gilbut.co.kr

책임편집 · 오수영(cookie@gilbut.co.kr), 유예진, 송은경 | **제작** · 이준호, 손일순, 이진혁
마케팅 · 정경원, 김진영, 김선영, 정지연, 이지원, 이지현, 조아현, 류효정
영업관리 · 김명자 | **독자지원** · 윤정아 | **유통혁신팀** · 한준희

디자인 · MALLYBOOK 최윤선, 오미인, 조여름 | **본문 일러스트** · 이유철 | **교정교열** · 장문정
CTP 출력 및 인쇄 · 금강인쇄 | **제본** · 금강인쇄

© **과학드림(김정훈), 2023**

ISBN 979-11-407-0637-2 (03400)
(길벗 도서번호 090224)

정가 20,500원

과학드림의 무섭게 빠져드는 과학책

읽다 보면 어느새 과학이 쉬워진다!

김정훈(과학드림) 지음

더퀘스트

추천사

동물과 생물, 그리고 인간에 대한 궁금증이 사라진 시대다. 무엇을 궁금해야 할지조차 판단하기 어려운 상황에서 누군가 대신 끊임없이 몰랐던 이야기를 찾아내 준다면 하루하루가 얼마나 신기하고 경이로울까? 문장마다 물음표로 가득한 책이 지금 여기 존재하는 이유다. 여전히 세상을 향해 과학적 호기심을 끝없이 불러일으키는 '과학드림'의 묵직한 질문을 귀여운 그림과 깔끔한 설명으로 만나보자.

_궤도(과학 커뮤니케이터, 《과학이 필요한 시간》 저자)

46억 년의 지구 역사 속에서 벌어진 가장 흥미로운 사건들이 담겨있는 책! 이 책의 에피소드들 속에는 과거 지구에서 일어난 주요한 사건과 관련된 과학 이론들이 자연스럽게 녹아들어 있다. 생물학을 비롯한 과학 이야기를 사랑하는 사람이라면 어떻게 이 책에 빠져들지 않을 수 있을까!

_김준연('수상한생선' 유튜버, 《수상한 생선의 진짜로 해부하는 과학책》 저자)

멈출 수 없이 빠져드는
세상 쉽고 재미있는 과학 이야기

"김연아 선수가 과학을 배워야 하는 이유는?"

지금으로부터 11년 전 제가 신입 과학 기자로 재직하던 시절, 한 특집 기사를 진행하면서 편집장님에게 들었던 질문입니다. 당시 특집 주제는 '융합형 인재의 비밀'로, 쉽게 말해 '융합형 인재'가 되려면 '과학'이 무척 중요하다는 내용입니다. 이공계를 가지 않는 학생들에게도 '과학은 필수!'라는 메시지를 전달하기 위한 기사였습니다. 아마 당시 편집장님은 저 질문의 답을 찾을 수 있다면 모든 학생(심지어 과학과 매우 동떨어진 진로를 희망하는 학생조차도)에게 과학이 필요한 이유를 기사에 담을 수 있을 거라고 생각한 것 같습니다.

그런데 저는 대답하지 못했습니다. 아무리 생각해도 굳이 '피겨 여왕' 김연아 선수가 과학을 배워야 하는 이유를 찾지 못했기 때문입니다. 김연아 선수가 더 멋진 무대를 연출하기 위해 '관성, 각운동량'에 대해 공부하는 것보다 그 시간에 근육량을 키우거나 무대 의상을 고민하는 게 훨씬 효율적이라는 생각이 들었거든요. 그래서 기사는 어떻게 됐냐고요?

"현대 사회(당시 2012년)는 IT, 생명공학, 신소재 등 수많은 과학 기술이 바탕이 된 사회로, 앞으로 경제, 역사, 교육, 예술 등 여러 분야가 과학과 융합돼 새로운 산업으로 변모할 것이다. 이런 사회에서는 진로가 꼭 이공계가 아니더라도 과학적 소양이 필수다. 따라서 어릴 때부터 과학과 익숙해지는 과정이 매우 중요하다."

정확하지는 않지만 위와 같은 내용의 조금은 뻔해 보이는 기사를 작성했던 기억이 납니다.

과학은 세상을 보는 창!
시야를 넓혀주는 과학의 힘

그리고 저는 '과학 크리에이터'로 활동하는 지금도 가끔 강연에 서면 '우리가 과학을 왜 배워야 할까요?'와 같은 질문을 받습니다. 여전히 답하기 어려운 질문입니다. 사실 저는 모든 사람이 과학을 알 필요는 없다고 생각합니다. 솔직히 말해 세상을 살아가는 데 '빅뱅, 뉴턴의 법칙, 다윈의 진화론, 보일과 샤를의 법칙'이 다 무슨 소용이 있을까요? 수학에 진절머리가 난 많은 사람이 '사칙연산만 할 줄 알면 세상 살아가는 데 아무 문제 없어'라고 울부짖을 때(엄밀히 말해

산수지만), '과학이라고 다를까?'란 생각이 들기도 합니다. 하지만 질문을 조금 바꾸면 대답이 쉬워집니다.

"과학을 알면 뭐가 달라지나요?" 저는 이 질문에 "삶이 풍요로워져요."라고 답합니다.

갓 태어난 아기는 색을 잘 구분하지 못합니다. 세상이 온통 흑과 백으로만 보이죠. 그러다 3개월쯤 지나면 서서히 색을 구분하면서 세상이 갖가지 색으로 이루어져 있다는 사실을 알게 됩니다. 새로운 세상이 펼쳐지는 거죠. 또 말문이 트이는 순간 아이는 또 다른 세상을 만나게 됩니다. 자신의 기분을 울음과 웃음이 아닌 말로 표현할 수 있다는 건 보다 고차원의 세계에 진입했다는 의미와 다름없기 때문이죠. 이처럼 흑백인 줄 알았던 세상이 컬러라는 사실을 알았을 때, 말을 통해 생각을 표현하기 시작했을 때, 아이의 삶은 보다 다채로워집니다. 그런데 곰곰이 생각해 보면 세상은 그대로입니다. 아이가 변했을 뿐이죠.

저는 과학이 삶에 주는 '풍요로움'도 이와 비슷하다고 생각합니다. 우주가 실은 138억 년 전 아주 작은 한 점이 폭발하면서 생겨났다는 사실을 알게 된다면 어제 본 밤하늘과 오늘 보는 밤하늘은 분명 다를 겁니다. 사실 밤하늘은 똑같습니다. 단지 하늘을 바라보는 나의 관점이 달라졌을 뿐이죠. 또 내가 지금 먹고 있는 사과, 어젯밤 손으로 때려잡은 모기, 지난 주 동물원에서 봤던 동물들이 실은 약 30억 년 전 단 하나의 세포에서 비롯됐고, 수십억 년의 세월을 거쳐 지금의 모습으로 진화했다는 사실을 깨닫는다면? 자연과 생명을 바라보는 시각도 달라질 겁니다. 그리고 울창한 아마존 숲이 실은 백악기 대멸종으로부터 비롯됐다는 사실은 우리에게 신선한 충격을 선사하기도 하죠. 저는 이를 두고 '과학이 세계관을 확장시킨다'라는 표현을 씁니다. 과학을 통해 세상을 대하고 바라보는 시야가 한층 더 넓어진다는 의미죠.

지구 이야기부터 고생물, 인류, 동물, 기후까지
흥미로운 방구석 과학 여행!

저는 늘 유튜브 영상 말미에 '과학은 세상을 보는 창'이란 문구를 넣습니다. 시청자분들이 영상을 통해 조금이나마 세상을 바라보는 시야가 확장되기를 바라는 마음에서죠. 마찬가지로 채널의 영상 콘텐츠를 바탕으로 펴낸 이 책에도 여러분들의 세계관을 바꿀 만한 내용을 담았습니다. 흥미진진하면서도 압도적인 스케일의 과학 지식을 생생하게 풀었죠. 지구, 고생물, 인류, 동물, 기후 등 그 속에 숨은 과학적 비밀이 무엇인지 낱낱이 파헤칩니다. 세상을 과학이라는 안경을 통해 바라보고 있기에 책을 펼치면 다른 세계로 빨려 들어가는 느낌을 받으실 겁니다. 마치 3D 안경을 쓰고 영화를 보는 것처럼 말이죠.

챕터 1에서는 얽히고설킨 지구 이야기부터 풀었습니다. 우주 탄생부터 지금의 문명이 만들어지기까지, 200만 년의 장마가 만든 환경 등 인간이 발붙이고 살기 전 지구의 모습이 어땠는지 그 경이로운 연대기를 담았습니다. 챕터 2에서는 듣도보도 못한 고대 생물들을 살펴봅니다. 초거대 뱀 티타노보아, 곰 크기의 거대한 고대 비버, 육지를 걸었던 고래 등을 여러분 눈앞에 소환해드립니다.

챕터 3에서는 동시대를 살아가고 있는 동물들의 옛 모습을 들여다봅니다. 뱀에는 다리가 있었다는 사실을 알고 있으신가요? '까마귀 고기를 먹었다' 속담과는 다르게 까마귀의 지능은 똑똑하게 진화했다는 사실은요? 이처럼 동물의 흥미로운 이야기를 담았습니다. 그리고 챕터 4는 인류 이야기입니다. 미스터리한 호모 날레디부터 현재의 인류에 이르기까지 진화 과정을 살펴봅니다. 마지막 챕터 5는 최근 이슈인 환경, 기후 이야기를 담고 있습니다. 기후 변화로 몸살을 앓고 있는 지금, 오존층 파괴 이야기, 장마가 불러오는 위기, 남극 이야기를 통해 우리가 지켜가야 할 지구에 대해 설명합니다. 영상에서는 놓치기 쉬운 과학 개념과 원리를 한눈에 이해할 수 있도록 일러스트와 함께 정리했고요.

여러분이 알고 있는 세상의 크기는 얼마큼인가요? 이 책의 페이지를 다 넘길 때쯤, 여러분의 세계가 조금이나마 넓어졌기를 기대합니다.

'과학드림' 유튜브 채널을 운영한 지 벌써 4년 하고도 6개월이 지났습니다. 그 사이 구독자 수는 100만 명 가까이 늘었죠. 예전보다 한층 더 무거운 책임감을 갖고 영상을 만들고자 노력하고 있습니다. 그리고 그렇게 만들어진 영상들이 '글'과 '일러스트'를 통해 이렇게 책으로 탄생할 수 있어서 내심 뿌듯합니다.

　책이 나오기까지 기획부터 모든 과정을 세심하게 신경 써준 도서출판 길벗 편집부 식구들, 또 기자 재직 시절부터 인연을 맺어온 이유철 작가님의 일러스트 덕분에 책 속의 콘텐츠가 더욱 풍성해졌습니다. 지금의 '과학드림'을 있게 해준 구독자분들께도 이 자리를 빌어 감사의 말씀을 전합니다.

　끝으로 새로운 도전의 순간마다 아낌없는 격려를 보내준 아내, 그리고 이제 막 세계관을 확장해 나가고 있는 소중한 딸에게도 사랑한다고 말하고 싶습니다.

2023년 10월
'과학드림' 김정훈 드림

Contents

기묘하게 얽히고설킨 지구 이야기

들도보도 못한
고대 생물 이야기

오묘하고 신비한
동물 이야기

한번쯤 궁금했던
인류 이야기

당신이 미처 몰랐던
기후환경 이야기

Chapter 1

기묘하게
얽히고 설킨
지구 이야기

우주 탄생부터 인류 문명까지, 138억 년의 여정

끝없이 펼쳐진 우주.
이런 우주는 언제 어떻게 만들어졌을까?

지금 발을 딛고 서 있는 지구는 어떻게 만들어졌을까? 또 지구의
수많은 생물은 언제 탄생했을까?

그리고 인류는 어떤 발자취를 남겨 왔을까? 이런 질문들은 동서 고금을 막론하고 인류가 밤하늘을 올려다보며 품은 호기심이다.

이런 호기심은 인류가 세상을 이해하고 발전시키는 기틀이 됐다. 지금부터 우주가 탄생한 이후부터 현재까지 펼쳐진 그 장대한 이 야기를 시작하겠다.

빅뱅부터 현대 문명까지, 빅히스토리

138억 년 전, 태초에 작은 점이 있었다. 그리고 어느 순간 이 점이 '펑' 하고 터지며 '빅뱅Big Bang'이 시작됐다. 빅뱅 후 10^{-37}초부터 10^{-32}초 사이에 우주는 무려 10^{50}배 가까이 커졌다. 이때 우주는 작은 소립자들이 자유롭게 돌아다니는 플라스마Plasma(고체, 액체, 기체

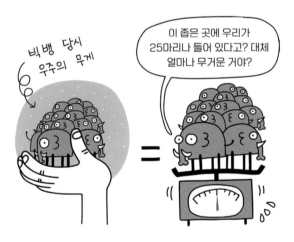

에 이어 물질의 4번째 상태로 원자핵과 자유전자로 이루어진 입자들의 집합체) 상태였다. 과학자들은 당시의 우주를 손으로 움켜쥔다면 그 무게가 코끼리 25마리를 움켜쥔 정도의 무게일 거라고 말한다.

그런데 빅뱅 이후 4억 년까지만 해도 우주는 암흑시대였다. 아직 별이 만들어지기 전이었기 때문이다. 4억 년 후 비로소 수소로 가득한 먼지 속에서 수소끼리 뭉쳐 헬륨으로 변하는 핵융합 반응이 일어났다. 이때 엄청난 에너지가 방출되면서 스스로 빛을 내는 천체인 별이 탄생했다. 암흑시대를 벗어난 우주 곳곳에 별들이 반짝이기 시작했다. 일부 공간에서는 별과 주변 가스 등이 중력에 의해 묶이면서 '별의 무리'가 생겼는데, 이게 바로 '은하'다.

사실 별의 탄생은 무척 중요한 사건이다. 우리 모두가 이 별에서 비롯됐기 때문이다. 빅뱅 초기 우주 공간에 원소는 수소와 헬륨

별은 수소와 헬륨뿐이던 우주 공간에 탄소, 산소, 규소, 철 등의 원소를 제공하면서 수많은 천체와 생명체의 씨앗이 됐다.

이 전부였다. 하지만 수소의 핵융합 반응을 통해 별이 만들어지면서 고온 속에서 헬륨은 탄소로, 또 여러 핵융합 반응을 거쳐 산소, 규소, 철까지 생겼다. 그리고 수십억 년이 지나 수명을 다한 별이 붕괴되면서 그동안 만들었던 여러 원소를 우주 공간으로 흩뿌렸다. 이런 원소들을 기반으로 지구라는 행성, 그리고 생명체까지 탄생했으니 우리는 모두 별의 후예인 셈이다. 그 누가 상상이나 했을까? 우주가 탄생하고 한참 뒤에 만들어진 태양, 그리고 태양 주변에 자리 잡은 지구에서 우주 탄생의 비밀을 밝히려는 생명체가 나올 거라고 말이다.

지구의 탄생과 최초 생명체의 등장

'우리은하Milky Way'는 빅뱅이 시작된 후 약 90억 년이 지나서야 만들어졌다. 이때쯤 우리은하 한쪽 구석에 태양이라는 작은 별이 생겼다. 태양을 만들고 남은 가스와 먼지가 다시 뭉치면서 태양 주위에 작은 행성이 100억 개 이상 만들어졌다. 지구도 그중 하나다. 이 작은 돌덩어리는 주변에 있는 행성들과 계속 부딪히며 합체를 거듭하다가 마침내 지금의 지구가 됐다.

갓 태어난 지구는 불덩어리에 가까웠다. 하지만 행성 충돌이 잦아들면서 차츰 온도가 식었다. 이후 무거운 원소는 아래로 가라앉아 핵이 됐고, 가벼운 원소는 위쪽으로 상승해 맨틀을 이뤘다. 표

지구는 태양 주위의 무수한 미행성 중 하나였다. 그러나 주변 행성들과 계속 부딪히면서 합쳐졌고, 마침내 지금의 지구가 만들어졌다.

면에서는 마그마가 굳어 원시 지각을 형성했다. 그리고 지구가 점차 식어가면서 대기 중의 수증기는 비가 되어 내려 강과 바다를 만들었다. 하지만 지금과 달리 원시지구에서는 초록빛이라곤 찾아볼 수 없었고, 바닷속도 어둠으로 가득했다. 그러던 약 38억 년 전, 극적인 사건이 일어난다.

지구 바닷속의 많은 유기 분자가 화학 작용으로 서로 끌어당기면서 단백질이 됐고, 이 단백질은 때론 둘로 나뉘면서 자기 복제를 하기 시작했다. 그러다가 이 단백질은 거품 같은 막에 둘러싸이면서 세포막을 지닌 원시세포Archaeocytes가 됐다. 이들은 막 안으로 'RNA'라는 자기 복제에 필요한 분자를 끌어들여 복제를 해나갔다. 이후 RNA보다 안정적인 'DNA'를 복제에 이용하는 원시세포가 등장해 급속도로 그 수를 늘려나갔다. 그리고 약 18억 년이 흐른 뒤 다른 원시세포를 삼켜 공생하는 거대한 세포가 생겼다. 바로 '진핵세포Eukaryotic Cell'다. 진핵세포는 동물세포와 식물세포로 나눌 수 있다. 화합물로 에너지를 만드는 세포(미토콘드리아)를 삼킨 녀석은 나중에 동물세포가 됐고, 빛으로 광합성을 하는 세포(엽록체)를 삼킨 녀석은 훗날 식물세포가 됐다. 하지만 진정한 세포의 등장에도 불구하고 지구의 바다는 무려 10억 년 동안 고요했다. 아주 단순한 소수의 다세포 생물들만 있었기 때문이다. 우리는 이들을 '에디아카라 동물군Ediacara Fauna'이라 부른다.

지구 생명체의 진화

그러던 약 5억 4,000만 년 전 바다에 또 하나의 큰 사건이 일어난다. 불과 1,000만 년도 안 되는 짧은 기간 동안 3문門에 불과했던 생물군이 무려 38문으로 증가한 것이다. 바로 '캄브리아기 대폭발Cambrian Explosion' 때문이다. 이때 아노말로카리스, 오파비니아, 할루키게니아 등이 등장했다. 특히 훗날 모든 척추동물의 조상이 되는 녀석, 피카이아까지 나타났다.

일부 과학자들은 이런 생명 대폭발의 원인을 '눈Eye'과 연결 짓는다. 캄브리아기 초기, 빛을 감지할 수 있는 기관을 가진 생물의 등장이 생태계의 경쟁 시스템을 촉발했다는 주장이다. 원시적인 눈을 갖게 된 사냥꾼은 더 이상 바다에 떠다니는 유기물이 아닌 영양가

[생물군을 3문에서 38문으로 증가시킨 캄브리아기 대폭발]

좋은 생물을 잡아먹기 시작했다. 이에 뒤질세라 먹히는 쪽도 눈은 물론 포식자의 공격을 막을 딱딱한 껍데기나 위협적인 가시, 재빠르게 도망칠 수 있는 지느러미 등을 갖추며 다양해졌다.

이렇게 캄브리아기를 시작으로 지구는 우리에게 익숙한 고생대, 중생대, 신생대란 지질시대를 이어간다. 고생대 바다에는 삼엽충이 번성했고, 척추를 지닌 어류가 처음으로 등장했다. 그리고 이들 중 일부는 약 3억 9,000만 년 전 판게아라는 거대한 땅으로 올라가 최초의 육상 척추동물로 진화했다. 빅뱅이 시작된 후 134억 년 만에 펼쳐진 일이다.

한편 고생대는 고사리 같은 양치식물도 육상에 진출해 거대한 숲을 이룬 시기이며, 거대한 곤충이 번성한 시기이기도 하다. 이때 번성했던 식물들은 죽은 뒤 땅에 묻혀 먼 훗날 석탄이 된다. 수많은 생명이 바다와 땅을 점령한 고생대는 약 2억 2,500만 년 전 대규모 화산 폭발에서 비롯한 페름기 대멸종Permian-Triassic Extinction Event으로 막을 내린다. 해양 생물종의 95%, 육상 척추동물의 70%가 전멸한 어마어마한 사건이었다.

다시금 시간이 흐르고 언제 그랬냐는 듯 지구에는 생명이 싹트기 시작했다. 바닷속에는 어룡과 수장룡이, 육지에는 공룡이, 하늘에는 익룡이 번성했다. 중생대 지구는 바야흐로 파충류 시대를 맞이한 것이다. 또 은행나무나 소나무 같은 겉씨식물이 번성했고, 중생대 말에는 꽃을 피우는 속씨식물도 뿌리를 내렸다. 물론 설치류 같은 포유류도 살았지만 공룡의 그늘에 가려 겨우 명맥만 유지했다.

지구의 환경도 달라졌다. 중생대에 접어들면서 한데 모여 있던 대륙들이 점점 멀어졌고 극지방, 밀림, 초원 등 지역별로 다양한 기후가 형성됐다. 이렇게 지구는 보다 다채로운 행성으로 거듭났다.

중생대는 파충류인 우리의 시대야!

신생대의 시작, 그리고 인류의 등장

그렇게 생명이 탄생하고 평화로울 것 같았던 지구, 그러나 약 6,500만 년 전 지금의 멕시코 유카탄 반도에 지름 10km 정도의 소행성이 떨어진다. 수소 폭탄 170개를 동시에 터트린 것과 맞먹는 충돌이었다. 충돌 지점에 지름 170km의 화구가 생겼고, 주변 지역에 거대한 지진과 해일, 화산 폭발 등이 일어났다. 이로 인해 지구는 먼지 구름에 뒤덮였고 수개월 동안 햇빛이 차단돼 식물들이 죽기 시작했다. 식물의 죽음은 초식공룡의 죽음으로, 그리고 다시 육식공룡의 멸종으로 이어졌다.

이렇게 느닷없이 떨어진 소행성은 당시 지구 생물종의 75%를 멸종시켰다. 하지만 이런 멸종의 영향으로 지구에는 포유류의 시대가 활짝 열렸다. 공룡보다 몸집이 작은 탓에 땅을 파서 숨어 지

냈던 포유류는 이 기회를 놓치지 않고 공룡이 사라진 자리를 빠르게 채워나갔다. 1,000만 년 만에 작은 쥐부터 원시 고래, 박쥐, 육식 고양잇과 동물까지 상상도 못할 정도로 포유류는 다양하게 진화했다.

그리고 여기에 우리 인류가 속한 영장류의 조상도 있었다. 영장류는 수천만 년 동안 진화를 거듭하며 다양한 종으로 분화했다. 마침내 지금으로부터 400만~500만 년 전, 나무에서 내려와 두 발로 걷는 종이 출연했으니… 바로 우리의 조상인 것이다.

아프리카에서 처음 등장한 초기 인류 '오스트랄로피테쿠스 아파렌시스Australopithecus Afarensis'는 두 발로 걷게 되면서 두 손이 자유로워졌다. 그 결과 230만 년 전쯤 손으로 도구를 만드는 '호모 하빌리스Homo Habilis'가 등장했다. 더 나아가 180만 년 전 등장한 '호모 에렉투스Homo Erectus'는 불로 음식을 익혀 먹으면서 딱딱한 음식을 씹을 때 필요한 턱 근육이 머리뼈에서 점차 퇴화했다. 이 덕분에 머리에 뇌가 커질 수 있는 공간이 마련됐다. 그 결과 약 20만 년 전 등장한 '호모 사피엔스Homo Sapiens'의 뇌 용량은 초기 인류보다 무려 4배나 커졌다. 이렇게 큰 뇌를 장착한 호모 사피엔스는 여타 동물보다 뛰어난 지능을 바탕으로 전 세계 각지로 퍼져나갔다. 사실 말이 좋아 퍼져나간 거지, 먹을거리와 괜찮은 서식지를 찾아 끝없이 이동해야 했다.

문명의 시작과 발전

그리고 지금으로부터 약 1만 년 전, 인류 사회에 획기적인 변화가 일어났다. 바로 '농사'가 시작된 것이다. 한곳에 정착해 작물을 키우는 방식을 체득한 현생 인류(호모 사피엔스)는 주거지를 만들고 마을을 이루며 살았다. 가축도 키웠다. 덕분에 마을에 잉여 생산물이 쌓였고, 이를 바탕으로 농민뿐 아니라 도공과 상인, 성직자와 군인 등 다양한 직업군이 출현했다. 이로써 고대 국가, 즉 문명사회가 탄생하기에 이른다. 고대 국가가 생기자 국가들끼리 서로의 땅과 자원을 뺏기 위해 전쟁을 벌였고, 전쟁에서 승리한 국가는 거대 국가로 발전했다.

국가의 규모가 커지면서 과학과 공학, 예술 등 새로운 분야가 발전하기 시작한다. 특히 과학은 인류를 혁신의 길로 이끌었다. 지

구와 우주에 대한 호기심은 수많은 물리 법칙을, 물질에 대한 호기심은 화학 법칙을, 생명에 대한 호기심은 수많은 의학 기술을 만들어냈다. 이런 과학 기술을 토대로 인류 사회는 농업에 이어 산업 사회로 나아갈 수 있었다.

138억 년 전 한 점에서 시작된 역사, 그리고 그 끝자락에 등장한 인간. 우리가 생각하는 인류의 장대한 역사는 어쩌면 우주적인 관점에선 그저 찰나에 불과하다. 인간 역시 진화의 역사 속에서 우연히 등장한 보잘것없는 존재일 뿐이다. 하지만 어떤 면에서 우리는 특별하다. 우리는 하늘을 올려다보며 끊임없이 질문을 품었다. 그리고 과학이란 합리적인 도구를 이용해 다시 우주를 향하고 있는 종은 현재까지 우리가 유일하니 말이다.

지구 역사상 가장 지루했던 10억 년! 무슨 일이 있었을까?

화산, 지진, 습곡 등 하루도 바람 잘 날 없는 지구는 끊임없이 살아 움직이는 행성이다.

이 변화무쌍함의 중심에는 판의 운동이 있다.

1년 동안 판이 이동하는 거리는 고작 수 cm에 불과하다. 그러나 이로 인해 하루에만 수백 번의 지진이 일어나거나 엄청난 화산이 폭발할 수 있다.

나는 판에 비하면 KTX지~!

그런데 시간을 27억 년 전으로 되돌린다면? 그 당시 지구는 지금과는 전혀 딴판이라는데….

지루한 10억 년의 시작

46억 년 전, 지구는 탄생 후 오랜 시간 대부분이 바다로 덮여 있었다. 그러다 약 27억 년 전 지구 내부에서 분출한 마그마가 밖으로 뿜어져 나왔다가 차츰 식으며 수면 위에 여러 개의 육지가 만들어졌다. 육지 주변 얕은 해안가에는 지금의 남세균과 비슷한 작은 세균들이 광합성을 하며 스트로마톨라이트Stromatolite 같은 퇴적물을 만들었다. 이렇게 지금도 세계 곳곳에는 이때 만들어진 원시 대륙의 흔적이 남아 있다.

물론 27억 년 전 육지는 지금의 판처럼 움직이지 않았다. 지각 Crust(지구의 가장 바깥쪽에 해당하는 얇은 층)이 단순히 맨틀Mantle(지구의 지각과 핵 사이의 두꺼운 고체층) 위에 둥둥 떠 있는 정도였기 때문이다. 판운동은 맨틀의 대류에 의해 일어난다. 지금의 지구는 맨틀의 온도차가 확연해 대규모의 대류가 규칙적으로 나타난다. 하지만 27억 년 전 지구의 맨틀은 전체적으로 뜨거웠기 때문에 온도차가

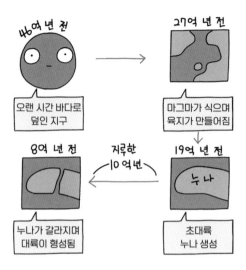

거의 없어 대류가 약하고 불규칙했다.

그런데 지구가 차츰 식어가면서 겉부분이 빠르게 냉각되자 맨틀에 온도차가 발생했다. 이에 따라 지금처럼 큰 규모의 대류가 일어나면서 지각이 움직이기 시작했다. 그 결과 약 19억 년 전, 초대륙인 '누나Nuna 혹은 콜롬비아Columbia'가 만들어졌다. 우리에게 가장 익숙한 초대륙인 판게아Pangea보다 훨씬 전에 또 다른 초대륙이 있었다는 의미다. 그런데 맨틀의 대류가 활발해지고 초대륙이 생겼음에도 불구하고 이때부터 무려 '10억 년' 동안 지구에는 별다른 일이 없었다.

지구 역사에는 수차례 크고 작은 빙하기가 있었지만, 유독 18억 년 전부터 8억 년 전까지 이 기간에는 빙하기가 없다. 특히 캄브

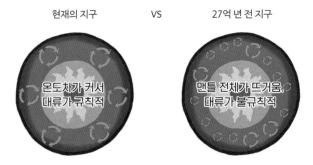

[지구 맨틀 대류 비교]

현재의 지구   VS   27억 년 전 지구

온도차가 커서
대류가 규칙적

맨틀 전체가 뜨거움.
대류가 불규칙적

리아기 대폭발처럼 생명의 화려한 진화도 일어나지 않았다. 그래서 과학자들은 이 기간을 '지루한 10억 년Boring Billion' 또는 '지구 역사상 가장 따분했던 시기Dullest Time'라고 부른다.

10억 년 동안 주목할 만한 세 가지 사건

그렇다면 이 10억 년 동안 지구는 어땠을까? 해양 지질학자인 도널드 캔필드Donald Canfield 교수는 당시 바다가 황화수소로 가득 차 있었을 거라는 이른바 '캔필드 대양 가설'을 들고 나왔다. 약 30억 년 전부터 광합성세균이 만들어낸 산소로 지구 대기의 산소 농도가 점차 증가했지만, 바다 깊은 곳까지 산소로 채우진 못했을 거라는 주장이다. 그는 대신 해저 화산에서 발생한 황화수소로 인해 수심 20m 아래부터는 산소보다 황화수소의 농도가 높았을 거라고 추정

[황화수소로 가득 차 악취 나는 바다]

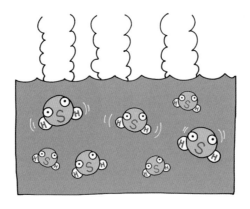

했다. 이러한 이유 때문인지 바다에는 황화수소를 먹고사는 박테리아나 고세균, 또 암석에서 풍화된 황산염을 먹이로 삼아 황화수소를 방출하는 황환원세균 등이 번성했다. 그렇다면 당시 바다는 황화수소로 가득 차 있었을 테니 모르긴 몰라도 엄청난 악취가 코를 찔렀을 것이다. 그것도 무려 10억 년 동안.

그런데 엄밀히 말하면 이 시기는 결코 지루하지 않았다. 왜냐하면 18억 년 전 지구는 '진핵생물Eukaryote'이 처음 등장한 시기이기 때문이다. 진핵생물은 큰 세균(원핵세포)이 산소 호흡을 하는 세균이나 광합성을 하는 남세균 같은 작은 세균을 포획하면서 진화한 녀석이다. 먼 훗날 이들은 거대한 분류군으로 자리매김한다.

실제로 지구 곳곳에선 이 당시 진핵생물의 흔적이 발견된다. 2017년 고생물학자 스테판 벵슨Stefan Bengtson은 인도 빈디아 산맥의 16억 년 전 지층에서 홍조류와 비슷한 진핵생물 화석을 발견했다. 중국에서도 17억 년 전 지층에서 진핵생물 화석이 발견됐다. 당시 진핵생물은 대체로 산소를 이용해 광합성했기 때문에 그나마 산소가 풍부한 얕은 해안가에서 번식했을 것이다. 인간을 비롯해 수많은 동물과 식물 그리고 균류까지 속한 진핵생물이 등장한 이 시기는 어쩌면 가장 중요한 시기였을지도 모른다.

더구나 이 시기에 빙하기만 없었을 뿐 맨틀의 대류로 판이 이동하며 보다 역동적인 행성으로 지구가 변모하기 시작했다. 초대륙이었던 누나는 여러 대륙으로 분리됐다가 약 10억 년 전쯤 다시 합쳐져 '로디니아Rodinia'란 새로운 초대륙으로 탄생했다.

바다에선 악취가 진동하고 최초의 진핵생물이 등장하며, 거대한 지각이 시시각각 움직인 이 시기를 과연 지루하다 말할 수 있을까?

[진핵생물의 탄생 과정]

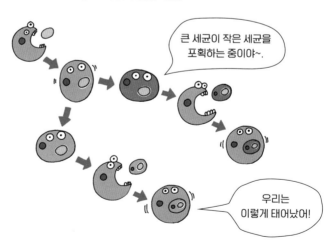

이쯤에서 궁금증이 생긴다. 10억 년 동안 지루했던 이 시기는 도대체 어떻게 끝났을까? 그 이후 무슨 일이 있었길래 생명의 다양성이 촉발된 6억 년 전의 에디아카라기Ediacaran Period, 또 5억 4,000만 년 전의 캄브리아기까지 이어질 수 있었을까?

로디니아 대륙이 불러온 빙하기, 지루한 역사를 끝내다

지루한 10억 년을 종식시킨 주인공은 다름 아닌 약 8억 년 전 찾아온 빙하기다. 이른바 '눈덩이 지구 가설'로, 이 빙하기를 시작으로 지구는 지루함에서 벗어나 새로운 운명을 맞이한다.

2013년 지질학자인 그랜트 영Grant McAdam Young 박사는 초대륙 로디니아가 눈덩이 지구의 시발점이라고 주장했다. 로디니아 대륙은 약 8억 년 전부터 여러 대륙으로 나눠졌는데, 이 과정에서 엄청난 양의 마그마가 분출되며 대규모의 현무암 지대가 생겼다. 재미있는 사실은 현무암의 특징 중 하나가 이산화탄소를 잘 흡수한다는 것이다. 이 때문에 대기 중 이산화탄소가 현무암으로 흡수되면서 온실효과가 급격히 떨어져 지구가 냉각됐다. 게다가 당시 태양은 지금보다 10% 정도 어두웠기 때문에 지구가 눈덩이로 변하는 데 한몫했다.

2017년 프랜시스 맥도날드Francis Macdonald 교수의 의견도 주목할 만하다. 그는 지금의 캐나다 북서부 쪽에서 거대한 화산이 폭발

하며 어마어마한 양의 이산화황이 대기 중으로 분출됐고, 이로 인해 태양빛이 가려져 빙하기가 더 가속화됐다고 주장했다.

그런데 여기에 재미있는 아이러니가 있다. 빙하기를 촉발한 로디니아 대륙이 빙하기를 끝낸 장본인이라는 사실이다. 8억 년 전 지구는 얼음으로 뒤덮여 있었지만, 얼음 안에서 로디니아 대륙은 여전히 분열되고 있었다. 약 6억 3,000만 년 전까지 대륙이 계속 갈라지며 해저에서 지속적으로 이산화탄소가 나왔다. 하지만 현무암 지대가 얼음으로 덮여 있어 이전처럼 이산화탄소를 흡수하지 못했다. 결국 대기 중에 쌓인 이산화탄소는 온실효과를 일으킨 것이다. 그 결과 지구를 덮고 있던 얼음이 서서히 녹기 시작했다. 눈덩이 지구 가설을 연구한 폴 호프먼Paul Hoffman 교수는 당시 지구의 대기 온도가 무려 50℃ 가까이 올랐을 거라고 추측했다.

눈덩이 지구의 끝은 생명 대폭발로

이렇게 막을 내린 눈덩이 지구의 끝은 생명 다양성의 시작으로 이어졌다. 이산화탄소의 증가로 광합성세균들은 많은 양의 산소를 만들어 대기와 바다 깊은 곳까지 공급했다. 단순했던 진핵생물은 에너지 효율이 좋은 산소를 바탕으로 보다 크고 복잡한 모습으로 변했다.

또 얼음에 갇혀 있던 암석들이 지표에 노출되면서 풍화와 침식이 일어나 인, 포타슘, 철, 칼슘 같은 무기염류가 바다로 흘러들었다. 이는 동물들의 외골격이나 신체 조직을 구성하는 재료로 이용되며 생물 다양성에 불을 지폈다. 이렇게 등장한 개체가 바로 '에디아카라 동물군Ediacara Fauna'이다. 그리고 이를 바탕으로 캄브리아기에 들어서는 이전과 비교할 수 없는 생명 대폭발이 일어나며 스펙

[에디아카라 동물군 상상도]

출처 | 위키피디아

Chapter 1. 기묘하게 얽히고 설킨 지구 이야기

터클한 진화의 역사가 시작됐다. 이렇듯 겉으로 보기엔 변화가 더딘 긴 10억 년을 거치며 지구는 비로소 살아있는 행성으로 거듭난 것이다.

지구는 다양한 생명을 만들기 위해 그 오랜 시간 지루함을 견뎌 냈다. 오늘 잠깐 멈춰 땅을 내려다보며 고생했다는 한마디를 전해주면 어떨까?

200만 년간의 장마가 공룡 시대를 열었다?

훗! 겨우 여름 한철 장마로 유난 떨기는! 2억 4,000만 년 전 트라이아스기 후기에는 장마가 200만 년 동안 이어졌다고!

이른바 '카르니안절 우기 사건'이다. 역사상 가장 길면서 지구 생태계에 특별한 동물을 등장시킨 위대한 장마 이야기를 들어보자.

'카르니안절 우기 사건'을 발견하다

페름기Permian Period에 이어 트라이아스기Triassic Period에도 지구는 지독하게 건조했다. 바로 초대륙 판게아 때문이다. 해안가를 제외하면 광활한 대륙의 내부에는 비가 거의 오지 않았다. 그래서 당시 대부분의 지층에선 천천히 퇴적된 붉은 사암층이 발견된다. 많은 과

[판게아로 인해 지속된 대륙 내부의 가뭄]

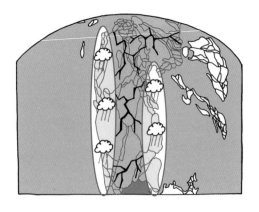

학자들은 이런 건조한 기후가 판게아가 분열될 때까지 지속됐다고 생각했다.

그러던 1989년, 영국의 지질학자 마이클 심즈Michael J. Simms와 알라스타리 러펠Alastari H. Ruffell 박사는 기존 관점을 뒤집는 중요한 발견을 한다. 이들은 유럽에 분포한 케우퍼 지층German Keuper 중 2억 3,400만~2억 3,200만 년 전 지층에서 강에서나 보이는 역암과 큰 호수에서만 보이는 퇴적물 그리고 늪지대의 흔적을 발견했다. 이를 지구 전역이 약 200만 년 동안 비가 자주 내리는 기후로 바뀌었음을 뒷받침하는 증거라 여겼고, 이 시기를 '카르니안절 우기 사건Carnian Pluvial Episode'이라고 명명했다.

하지만 당시 지질학자였던 행크 비셔Hank Vsscher를 비롯해 대부분의 과학자는 논문의 증거가 부족하다고 지적했다. 강과 호수의 발

생은 일시적인 사건일 뿐 지구 전체의 기후를 대변하기는 어렵다고 강하게 반박했다. 이렇게 젊은 두 과학자의 연구는 묻히는 듯했다.

그러던 2000년대 초반. 이탈리아에서 고대 호수의 흔적이, 미국 서부(유타주)에서 광범위한 지역에 걸쳐 젖은 토양 지층의 흔적이, 중국에선 대규모 강의 흔적이 발견됐다. 이후 이 흔적 모두 2억 3,400만~2억 3,200만 년 전인 카르니안절에 형성됐다는 사실이 밝혀졌다. 드디어 '카르니안절 우기 사건'이 전 지구적 사건이란 주장은 학계에서 점차 정설로 받아들여졌다. 즉 트라이아스기 후기 200만 년 동안 지구 전역에 오랫동안 비가 내렸고, 그 결과 메마른 땅에 큰 호수나 강이 만들어졌다는 뜻이다.

카르니안절 우기 사건이 불러온 생태계의 변화

200만 년간 이어진 우기로 물이 많아지면서 지구는 생물이 살기 좋은 환경으로 변했을까? 놀랍게도 결과는 정반대다. 2020년 지질학자인 자코프 달 코르소Jacopo Dal Corso는 카르니안절 우기 사건이 5대 대멸종에 포함되진 않지만, 35%에 달하는 해양생물속이 사라지는 결과를 낳았다고 밝혔다. 그 이유는 이렇다. 200만 년 동안 우기가 지속된 결과 강이 형성됐고, 강을 통해 바다로 다량의 무기염류가 유입됐다. 이는 바다의 부영양화를 불러왔고 바다 표면에 해양 플랑크톤이 급격히 증가하면서 바다 속 용존산소량(녹아 있는 산소)

이 감소했다는 설명이다. 그 결과 경골어류는 51~62% 가까이 다양성이 감소했다. 암모나이트류와 코노돈트류 역시 큰 타격을 입었으며, 탈라토사우루스 같은 해양 파충류가 이 시기에 자취를 감췄다.

그런데 무엇보다 가장 흥미로운 사실이 있다. 이 오랜 기간의 우기로 지구 육상 생태계에 새로운 지배자가 탄생했다는 것이다. 그 주인공은 바로 '공룡'이다. 우기가 찾아오기 전까지 지구 육상 생태계는 피토사우루스류가 속한 크루로타르시류 같은 지배 파충류와 린코사우루스목의 파충류, 그리고 디키노돈 같은 단궁류의 세상이었다. 물론 공룡도 트라이아스기에 일찌감치 모습을 드러냈지만, 당시 생태계에서 그들의 비율은 5~10%에 불과했다. 그런데 카르니안절 우기 사건을 거치면서 공룡의 비율은 무려 90%까지 상승한다. 도대체 어떻게 이런 일이 가능했을까?

이를 설명하는 여러 근거가 있는데, 첫 번째는 식물상의 변화다. 우기 사건 이전 육지가 건조했을 때 식물은 키가 작은 초목 위주였다. 하지만 강수량이 늘면서 침엽수나 소철류 같은 키 크고 잎과 줄기가 질긴 식물이 많아졌다. 이 변화가 공룡이 번성하는 데 한몫했다. 당시 공룡은 여타 초식동물과 달리 소화를 돕는 위석을 지니고 있어 질긴 식물도 쉽게 먹을 수 있었다. 먹이 경쟁에서 우위를 점할 수 있었다는 의미다. 또 직립보행을 할 수 있어 키가 큰 식물을 먹는 데 유리했다. 반면 기존 초식동물들은 이렇게 변화하는 식물상에 적응하지 못해 점차 도태됐다.

두 번째로 공룡은 기낭을 지닌 덕분에 산소 농도가 낮은 당시 환경에서도 효율적으로 호흡할 수 있었다. 또 직립보행이 가능해 그 어떤 동물보다 빠른 기동력을 갖췄다. 그 결과 공룡은 경쟁자들이 줄어든 생태계의 빈 공간을 빠르게 채우며 번성할 수 있었다.

Chapter 1. 기묘하게 얽히고 설킨 지구 이야기

200만 년이라는 시간 동안 내린 빗줄기가 공룡 시대의 서막을 연 셈이다.

카르니안절 우기 사건은 왜 일어났을까?

도대체 이 급작스러운 우기 사건은 왜 시작됐을까? 아직 이에 대한 논쟁이 많은데, 크게 두 가지 가설이 있다. 첫 번째는 '화산 활동 가설'이다. 2억 3,200만 년 전 캐나다 서부에 위치한 렝겔리아 지층WrangelliaTerrane에서 나타난 대규모의 화산 활동이 원인이라는 주장이다. 당시 화산 폭발로 다량의 온실가스가 배출됐고, 이는 지구 온난화로 이어졌다. 이에 따라 물의 증발이 활발해지면서 강수량이 늘어나 지구에 많은 비가 내렸다는 가설이다.

두 번째는 '조산운동 가설'이다. 개인적으로 이 가설이 좀 더 재미있다. 바다에서 융기한 킴메리아Cimmeria 산맥(지층)은 약 2억 5,000만 년 전부터 천천히 위쪽으로 이동했는데, 그 결과 신테티스Neo-Tethys해가 열리고 구테티스Paleo-Tethys해는 점점 닫혔다. 그런데 이때 신테티스해에서 만들어진 구름이 킴메리아 산맥에 의해 차단되어 육지로 이동하지 못했고 이 때문에 구름이 계속 쌓이면서 크고 강한 비구름으로 변했다. 그리고 이 비구름이 주변 판게아 대륙에 지속적으로 비를 뿌렸다는 주장이다.

짧다면 짧고 길다면 긴 200만 년의 우기. 어느 날 우연히 찾아

온 장마는 별 볼 일 없던 한 동물을 지구 무대 위의 주인공으로 만들었다. 그리고 그 주인공은 수억 년 동안 멋진 활약을 펼치며 죽어서도 이름을 남겼다. 어쩌면 200만 년간 이어진 비는 공룡에게 세상에서 가장 따뜻한 봄비가 아니었을까?

역사상 가장 강력했던 온난화, 지구를 어떻게 바꿨을까?

그렇다. 약 5,600만 년 전인 팔레오세 말부터 에오세 초까지, 20만 년이라는 시간 동안 지구의 평균 기온이 5~8°C나 올랐다. 역사상 가장 강력했던 온난화 시기였다.

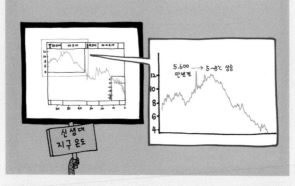

그럼 '팔레오세-에오세 최대온난기'는 왜 일어났을까?

당시 생태계는 어땠을까?

기온은 어떻게 다시 낮아진 거지?

현재의 지구 온난화의 해답을 과거에서 찾을 수 있을까?

최대 지구온난화가 도래한 이유는?

때는 1991년. 지구과학자 제임스 케넷James Kennett과 로웰 스콧Lowell Stott은 남극 대륙 근처에서 추출한 해저 퇴적층 코어에서 특이한 점을 발견했다. 신생대 팔레오세Paleogene와 에오세Eocene 경계 지층에서 엄청난 양의 탄소가 바다로 녹아든 흔적이었다. 이후 전 세계 지층에서 팔레오세 말 대량의 탄소가 대기 중으로 쏟아져 나온 증거들이 발견됐다. 이로 인해 약 5만 년이란 시간 동안 무려 4만 4,000GT(기가톤)의 탄소가 쏟아져 나와 급격한 지구온난화를 불러왔다는 사실이 밝혀졌다. 그 당시 지구의 평균 온도는 최대 8℃나 상승했고 극지방의 해수 온도는 최대 20℃까지 올랐다. 현재 남극해(남극환류)의 최대 온도가 10℃라는 사실을 떠올리면 당시 지구가 얼마나 따뜻해졌는지 짐작할 수 있다.

그렇다면 무엇이 탄소를 대기 중으로 방출시켰을까? 과학계에서 여러 가설을 제시했다. 석탄이 저장된 층을 대규모의 산불이 태워버리면서 대량의 탄소가 방출됐다는 설, 거대한 화산 폭발로 탄소가 방출됐다는 설 등이 나왔다. 하지만 팔레오세의 급격한 온실효과를 설명하기엔 무리가 있었다.

그래서 등장한 것이 바로 '메테인 하이드레이트Methane Hydrate 가설'이다. 1995년 해양학자 제럴드 디킨스Gerald R. Dickens는 당시 신생대에 막 접어든 지구의 기후가 지금보다 온화했고, 이 때문에 극지의 얼음이 조금씩 녹으면서 여기에 갇혀 있던 강력한 온실기체인 메테인(이산화탄소의 20배)이 방출되기 시작했다고 추측했다. 이에 따라 지구온난화가 빠르고 강력하게 촉발됐다고 주장했다. 이 주장은 계속 다듬어져 현재 'PETMPaleocene-Eocene Thermal Maximum(팔레오세–에

메테인 하이드레이트가 얼음 속에 갇혀 있는 상태에서 얼음이 조금씩 녹아내리자 얼음에서 메테인(CH_4)이 공기방울처럼 빠져 나온다. 메테인 하이드레이트는 '불타는 얼음'이라는 별명이 있다.

오세 최대온난기)'을 설명하는 가장 설득력 있는 가설로 통한다.

물론 이 가설이 완벽한 정설로 자리매김하진 못했다. 이에 2005년 루카르 로렌스Lucas J. Lourens 박사는 《네이처Nature》에서 팔레오세-에오세 최대온난기는 빙하기와 간빙기의 원인 중 하나인 지구의 '세차 운동'과 관련이 깊다고 주장했다. 2016년에는 모건 샬러Morgan F. Schaller 박사가 《사이언스Science》를 통해 탄소가 풍부한 혜성이 지구에 충돌한 결과, 대기 중에 다량의 탄소가 공급되면서 온난화가 촉발됐다는 주장을 펼치기도 했다. 어떤 이유에서건 한 가지 확실한 사실은 팔레오세 말 지구가 급격히 더워졌다는 것이다.

5,600만 년 전 지구온난화 시기의 육지 생태계

이렇게 급격한 온난화는 지구의 생태계를 어떻게 바꿨을까? 지금과 가장 대조적인 지역부터 살펴보자. 바로 남극이다. 놀랍게도 5,600만 년 전 남극 대륙의 연평균 기온은 16℃였다. 겨울철 평균 기온도 11℃에 달했다. 지금 우리나라 겨울보다 훨씬 따뜻했던 것이다. 당시 남극 대륙에는 야자수와 속씨식물이 자랐으며, 여러 곤충과 포유류가 뛰노는 그야말로 푸른 낙원이었다.

실제로 남극 동부에서는 고대 야자수와 양치식물의 포자, 열대 작물의 꽃가루 화석이 발견된다. 그리고 남극 서쪽에는 고대 유대류(포유류의 한 갈래)인 우드부르노돈카세이Woodburnodoncasei와 안타

[5,600만 년 전 남극의 생태계]

르크토도롭스Antarctodolops 같은 주머니쥐를 비롯해 큰 포유류인 안타르크토돈Antarctodon 등이 살았다. 이처럼 지금과 사뭇 다른 생태계의 모습은 비단 남극만의 이야기는 아니다.

캐나다와 그린란드 지역에서는 악어나 거북 등의 파충류가 살았다. 현재 적도 지방을 중심으로 자라는 야자수는 당시 분포 지역이 중위도까지 확장될 정도로 전 세계가 온화했다. 이뿐만이 아니다. PETM 시기에 발견된 식물잎 화석 10개 중 6개에서 곤충에게 파 먹힌 흔적이 발견됐다. 이에 대해 고식물학자인 스콧 윙Scott Wing 박사는 당시 더워진 기후로 곤충이 번성하는 바람에 식물이 곤충에게 시달린 흔적이라고 설명한다.

또 식물잎의 가장자리 모양을 보면 PETM 시기 이후 톱니 모양에서 매끄러운 모양으로 변했다. 이 역시 따뜻한 기후와 관련이 있다. 실제로 잎의 가장자리 모양과 기후 간 상관관계는 1915년에 밝혀진 이후 현재도 고기후학 연구에 종종 사용된다.

그리고 재미있는 사실이 또 있다. 팔레오세 시기의 지구온난화로 열대림이 형성되자 나무를 자유자재로 오르내리는 테일하르디나Teilhardina 같은 영장류가 북미와 유럽 대륙에서 적응방산(하나의 조상 종에서 많은 수의 후손 종들이 빠르게 진화하는 현상)하기 시작했다. 2003년 고생물학자인 깅그리치Gingerich 박사는 PETM이 시작된 이후 1만 3,000년에서 2만 2,000년 사이에 북미와 유럽 지역에서 초기 영장류가 매우 많이 나타났다고 주장했다. 현재 인류의 삶을 위협하는 지구온난화가 수천만 년 전에는 인류 기원의 단초가 됐다는 의미다. 정말 아이러니하지 않은가.

최대 지구온난화 시기의 해양 생태계

지구 전체가 푸른 낙원이었던 건 아니다. 육지와 달리 바다는 생지옥을 맞이했다. 적도 인근의 해수 온도는 무려 36℃까지 올라 먹이사슬의 근간이 되는 해양 플랑크톤이 큰 타격을 입었다. 또 대기로 흘러나온 대량의 이산화탄소가 바닷속으로 녹아들어 해양이 산성화됐다. 이때 증가한 수소 이온이 탄산 이온과 결합해 바닷속 탄산염 농도의 감소를 불러왔다. 그 결과 탄산염으로 외부 껍데기를 만드는 유공충 같은 해양생물은 껍데기를 만들 재료가 부족해지면서 35~50%가 멸종했다.

이 같은 사실은 지층 코어를 통해서도 확인할 수 있다. 보통의 해양 지층은 탄산칼슘 껍데기를 만드는 유공충들이 화석화된 영향으로 밝은색을 띤다. 반면 PETM 시기에는 수많은 유공충이 사라지

는 바람에 상대적으로 검은 지층이 형성됐다. 또 탄산염으로 몸체를 구성하는 산호도 개체수가 급격히 줄면서 해양 생태계는 전반적으로 큰 충격을 받았다.

온난화로부터 지구를 구한 아졸라

급격한 지구온난화에도 불구하고 지구는 어떻게 다시 이렇게 급속도로 냉각될 수 있었을까? 아쉽게도 아직까지 미스터리다. 제대로 밝혀지지 않았고 이를 증명한 연구도 없다. 그래도 굳이 찾자면 마치 개구리밥 같이 생긴 '아졸라Azolla'가 지구를 온난화로부터 구했다는 주장이 있긴 하다. 겉모습은 개구리밥과 비슷하지만 실은 고사리와 가까운 수생 양치식물이다.

[개구리밥과 비슷한 모습을 지닌 아졸라]

[개구리밥과 비슷한 모습을 지닌 아졸라]

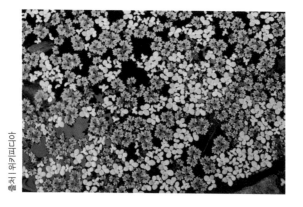

출처 | 위키피디아

PETM 시기 막바지인 5,555만 년 전. 북극해엔 투르가이 해협 Turgai Strait을 통해 바닷물이 유입되고 있었다. 그런데 대륙 이동으로 투르가이 해협이 막히자 마치 흑해처럼 북극해가 한동안 고립되는 사건이 벌어졌다. 이때 육지의 강물이 북극해로 유입되면서 북극해의 표층은 일시적으로 바닷물이 아니라 담수층(민물)으로 변했다. 그러면서 민물에서만 번식이 가능한 아졸라가 북극해 표면을 뒤덮었다는 것이다. 이렇게 아졸라는 북극해를 비롯해 지구 전역에 번식하기 시작했다. 아졸라는 당시 대기 중에 있던 이산화탄소를 흡수하고 죽은 뒤 바닥으로 가라앉아 탄소를 격리시켰다. 덕분에 온실효과는 서서히 줄어들었고 지구는 다시 기온을 회복했지만, 이후 더 시간이 지나 빙하기까지 맞이하게 됐다는 가설이다. 2006년 네덜란드 해양지질학자인 헹크 브링크스Henk Brinkhuis가《네이처》에 이 가설을 기고했지만 아직 검토가 더 필요하다.

5,600만 년 전 지구온난화 vs 현재 지구온난화

역사상 가장 강렬했던 5,600만 년 전의 지구온난화와 현재의 지구온난화를 비교하면 어떨까? 놀랍게도 지금의 탄소 배출 속도가 더 빠르다. PETM 시기의 연간 탄소 배출량은 0.24GT인데 반해 현재 연간 탄소 배출량은 무려 10GT(이산화탄소는 37GT)에 달한다.

물론 PETM 시기에는 수만 년에 걸쳐 탄소가 배출됐기 때문에 총 배출량은 이때가 더 많다. 그럼에도 일부 과학자들은 만약 지금 같은 속도로 탄소가 배출된다면 불과 1,000년 만에 팔레오세 시기와 비슷해질 거라고 우려하고 있다.

사실 개인적으로 지금의 지구온난화가 '지구' 자체를 멸망으로 몰고 가지는 않을 거라고 생각한다. 어쩌면 과거 팔레오세 때처럼

육상 생태계는 오히려 다채로워질 수 있다. 물론 일부 생태계는 큰 타격을 입을 수 있겠지만, 이 역시 시간이 지나면 새로운 환경에 적응한 새로운 종이 나타나 생태적 틈새를 채워나갈 것이다.

문제는 인류다. 인간이란 종은 해수면 상승으로 인해 살아갈 서식지가 줄어들고, 식량이 부족해지는 등의 이유로 멸망의 길을 걸을 가능성이 높다. 따라서 우리가 지구온난화 문제를 대할 때 '지구를 구한다'는 사명감도 좋지만 '우리 스스로를 위해서'라는 보다 현실적인 시각으로 접근할 필요가 있다.

페름기 대멸종,
지구를 포맷하다?

2억 5,100만 년 전 고생대 페름기. 당시 온대 지역은 침엽수와 양치식물이 숲을 이뤘다. 그곳에서 수많은 양서류와 파충류, 곤충, 단궁류가 한가로운 오후를 보내고 있었다.

바다에는 고생대를 대표하는 삼엽충이 즐비했으며, 크고 작은 바다전갈과 연골어류 등이 해양 포식자로 군림했다.

판게아의 북쪽, 현재의 시베리아 지역 지각판 밑에선 이 평화를 종식할 사건이 시작되고 있었다. 엄청난 양의 암석이 녹으면서 축적된 마그마가 곧 뿜어져 나올 준비를 하고 있었던 것이다.

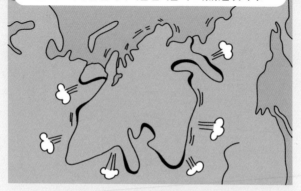

얼마 지나지 않아 이곳에서 지구 역사상 최악의 대멸종을 불러올 화산이 폭발한다. '페름기 대멸종'의 서막이다.

페름기 대멸종의 시작, 시베리아 화산 폭발

페름기 대멸종의 시작을 알린 화산 폭발의 흔적은 아직까지 남아 있다. 현재 러시아 중앙부 전역에 분포한 일명 '시베리아 트랩Siberian Traps'이란 범람 현무암 지대가 바로 그것이다. 이 지역을 보면 용암이 홍수처럼 쏟아져 나와 엄청난 면적의 대지를 덮었다는 사실을 알 수 있다. 과학자들은 당시 화산 폭발로 분출된 용암의 부피는 300만~400만km³, 이 용암이 뒤덮은 대지의 면적은 무려 400만~700만km²로 추정한다. 미국 대륙 전체를 400m 높이로 뒤덮을 수 있고, 지구 육지 전체를 7~8m가량 덮을 수 있는 어마어마한 양이다.

서기 79년 고대 로마 도시 폼페이를 잠식시킨 베수비오 화산의 분출량이 3.3km³, 64만 년 전 터진 옐로스톤 지역 화산의 분출량이 1,000km³, 7만 4,000년 전 분화한 토바 화산 폭발 때 분출량이 기껏해야 3,000km³ 안팎이다. 이와 비교하면 당시 페름기 대멸

종을 불러온 화산 폭발은 그야말로 대재앙이었다.

당시 폭발로 30km 높이까지 솟구친 뜨거운 화산 쇄설물들은 다시 비처럼 땅으로 쏟아져 판게아 북쪽에 서식하던 생물들에게 불지옥을 선사했다. 이때 분출된 이산화황 같은 유독성 가스는 그 자체만으로도 생명체를 죽음으로 내몰았지만, 태양빛을 차단해 기온을 떨어뜨리는 역할도 했다. 그런데 사실 화산 폭발로 인한 피해는 딱 여기까지였을 뿐 판게아 남쪽 대륙을 비롯한 해양 전역은 그다지 큰 피해를 입지 않았다.

페름기 해양 생물종의 멸종 원인

해양 생물종의 96%, 육상 척추동물의 70%가 절멸한 페름기 대멸종은 어떻게 일어난 걸까? 《대멸종 연대기》란 책에서 오슬로대학교의 지질학자인 헨리크 스벤슨Henrik H. Svensen은 지각을 뚫고 올라오지 못해 남아 있던 '마그마'에 답이 있다고 밝혔다(2002년부터 나온 주장). 당시 지각판 아래에 고여 있던 마그마는 마치 난방 배관처럼 주변으로 계속 뻗어나가기 시작했다. 그리고 이 과정에서 마그마는 수억 년 동안 지층에 쌓여 있던 셰일, 탄산염, 석탄, 석유와 같은 화석 연료와 만나 이것들을 태우면서 진짜 비극을 선사했다.

탄산염과 석탄, 석유 등이 연소되면서 지각 밖으로 이산화탄소가 뿜어져 나왔고, 셰일에 포함된 유기물이 연소되면서 메테인 가스가 다량 분출되기 시작했다. 이런 온실기체의 분출이 약 200만 년간 지속됐다. 과학자들은 페름기 대멸종 과정에서 방출된 탄소의 양이 최소 1만 GT에서 최대 4만 8,000GT에 달할 것으로 추정한다. 오늘날 인류가 1년 동안 배출하는 이산화탄소가 약 35GT, 또 현

[지각판 아래에 있는 마그마가 화석 연료를 연소해서 탄소를 배출하는 상황]

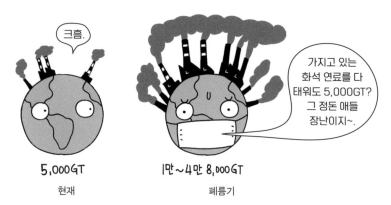

크흠.

5,000GT
현재

1만~4만 8,000GT
페름기

가지고 있는 화석 연료를 다 태워도 5,000GT? 그 정돈 애들 장난이지~.

재 지구의 화석 연료를 한 번에 모두 태웠을 때 발생하는 탄소가 약 5,000GT으로 예상된다. 이 수치를 감안할 때 페름기 대멸종 기간 동안 방출된 탄소의 양은 실로 상상조차 하기 힘든 수치다.

이렇게 방출된 온실기체는 지구 전체의 평균 기온을 무려 8℃나 높였다. 영국 리즈대학교의 고생태학자 폴 위그널Paul Wignall 교수는 당시 판게아 대륙 중 일부 지역의 온도가 60℃까지 치솟았고, 바다 역시 최대 40℃를 웃돌았다며 아마도 페름기 말 지구는 사우나를 방불케 했을 거라고 주장했다. 특히 지각에서 스며 나온 다량의 이산화탄소는 해양 생태계를 쑥대밭으로 만들었다. 대기 중으로 나온 이산화탄소가 바다로 녹아들어 해양을 산성화시켰기 때문이다.

스탠퍼드대학교의 고생물학자 조너선 페인Jonathan Payne은 당시 지구 대기의 이산화탄소 농도가 지금보다 약 20배 높은 8,000ppm까지 올라갔다고 말했다. 이는 최소 수치이며 어떤 시기엔 3만ppm

까지 상승했을 거라고 설명했다. 현재 지구 대기의 이산화탄소 농도는 약 400ppm이다. 지금도 산업화 이전보다 약 130ppm 증가했다고 난리법석인데, 8,000ppm 농도의 이산화탄소 대기로 둘러싸인 지구는 어땠을지 상상하기조차 힘들다.

대기에 이산화탄소가 넘쳐나자 앞서 말했듯 일부는 바다로 흘러들어 해양을 산성화시켰다. 그 결과 탄산염이 고갈되기 시작했다. 탄산염에 의존해 껍데기를 만드는 산호와 동물 플랑크톤, 조개류 같은 생물은 속수무책으로 죽음을 맞이할 수밖에 없었다.

또 엎친 데 덮친 격으로 지구 온도의 상승이 극지의 빙하를 녹여 그 안에 갇혀 있던 메테인을 대기 중으로 꺼냈다. 이는 지구온난화의 가속화를 더욱 부채질했다. 결국 수온이 계속 올라 바다의 용존산소량은 곤두박질쳤고, 해양생물은 계속 사지로 내몰렸다.

[산소가 부족한 해양 생태계]

그런데 더 큰 문제는 따로 있었다. 바다에 산소가 사라지자 해양에 혐기성 세균인 녹색황세균이 번성했고, 이들이 배출한 아황산가스(이산화황)로 바다가 가득 차기 시작했다. 실제로 펜실베이니아 주립대 지구과학과 리 컴프Lee Kump 교수는 페름기 말 해양 지층에서 녹색황세균의 서식 지표를 나타내는 이소레네에레탄Isorenieretane이란 색소가 심해층부터 표층까지 광범위하게 발견된다고 밝혔다. 이는 당시 바다가 무산소에 가까웠으며 녹색황세균이 발생한 유독가스로 가득 찬 환경이었음을 뜻한다고 주장했다.

이렇듯 더워진 지구와 산성화된 해양, 거기에 유독가스 배출이란 삼박자가 페름기 말을 재앙의 시대로 이끌었다.

페름기 식물 멸종의 원인

그런데 과학자들은 이 멸종에서 또 한 가지 의문점을 발견한다. 보통 이산화탄소와 온도가 증가한 환경에서는 식물이 번성하기 마련인데, 페름기 대멸종 때는 식물마저 50~75%가 멸종했다는 사실이다. 도대체 이유가 무엇일까?

2004년 UC 버클리의 고식물학자 신시아 루이Cynthia Looy 박사는 그 원인으로 '오존층 파괴'를 지목했다. 그녀는 화산 활동에서 발생한 황산가스가 간접적으로 오존층을 파괴했지만(촉매 작용), 그보다 지각 속에 남아 있던 마그마가 진짜 범인이라고 언급했다. 앞서 지각 내 마그마가 화석 연료들을 태웠다는 설명을 기억하는가? 루이 박사는 이 마그마가 당시 퉁구스카 분지에 있던 거대한 소금(암염) 광산을 소각시켰고, 이 과정에서 염화메틸과 브롬화메틸 등 오존층을 직접 파괴하는 가스가 지속적으로 배출됐다고 주장했다. 이에 따라 지구의 오존층 두께도 점차 얇아지기 시작했다는 설명이다. 그리고 이는 동물들은 물론 잘 버티던 식물들마저 쏟아지는 자외선(특히 UV-B)에 무방비로 노출되는 결과를 불러왔다.

루이 박사는 그 증거로 페름기 말 침엽수의 꽃가루 화석을 제시했다. 정상 꽃가루와 달리 페름기 말 꽃가루 화석에서는 변이가 많이 일어났다. 이런 변이는 생식 활동에 치명타를 입혔고, 당시 숲을 이루고 있던 양치류와 겉씨식물이 몰락의 길을 걷기 시작했다. 또 1차 생산자의 몰락은 다시 초식동물과 육식동물로 이어지는 먹

[자외선에 노출되어 죽어가는 식물들]

이슬의 붕괴를 초래했다.

페름기 말에 일어난 이 역사적 사건은 캄브리아기 생명 대폭발로 시작해 수억 년에 걸쳐 진화해온 수많은 생물을 단 6만 년이란 시간에 지구에서 말끔하게(?) 지워버렸다(식물은 수십만 년). 생태계가 다시 복구되는 데만 1,000만 년 가까이 걸렸을 정도라고 하니, 그만큼 페름기 대멸종 이후 지구는 '지옥' 그 자체였을 것이다. 하지만 이 불지옥에서 운 좋게 살아남은 누군가(중생대를 지배한 공룡 같은 파충류)에게는 더할 나위 없이 좋은 기회가 찾아왔다. 이들은 경쟁자라곤 찾아볼 수 없는 황무지에서 새로운 역사를 써내려가며 새 시대의 주인으로 우뚝 섰다. 마치 대멸종이 언제 있었냐는 듯 말이다.

사막 한가운데의 오아시스, 어떻게 만들어지는 걸까?

아름다운 가게가 즐비하고,
사람들로 넘쳐나는 활기찬 이곳은?

사막 한가운데에
위치한
오아시스였다니!

사막은 50℃를 육박하는 더위도 더위지만, 연평균 강수량이 250mm가 채 안 된다. 설령 비가 내린다 해도 작열하는 태양에 의해 모두 증발해 버린다.

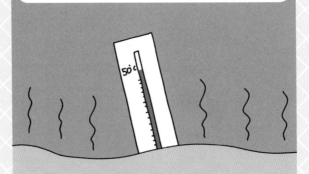

그런데 어떻게 사막 한가운데에 오아시스가 만들어졌을까?

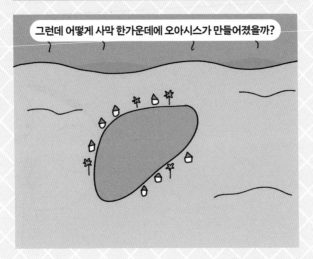

샘 오아시스 방식

흔히 '오아시스' 하면 물이 고인 샘이나 호수를 떠올린다. 하지만 정확히 말하면 오아시스는 사막에 고인 물을 중심으로 형성된 주변 농경지와 거주지 등을 모두 포함하는 단어다. 이집트 사하라 사막에 위치한 시와Siwa나 바하리야Bahariya 같은 오아시스 도시가 대표

[시와 오아시스]

출처 | 위키피디아

적이다. 이런 오아시스 지대에 사는 대다수의 사람들은 대추야자, 옥수수, 밀, 포도 등을 농사지으며 산다. 그런데 비가 거의 오지 않고, 비가 와도 바로 증발하는 사막 한가운데에 어떻게 소규모 도시 하나를 지탱할 거대한 샘물이 만들어지는 걸까?

자연적으로 생성되는 오아시스는 크게 두 가지로 나뉜다. 첫 번째는 바로 샘 오아시스다. 사막 한가운데 물이 고여 있는 샘 오아시스는 사하라 사막 지역에 많이 분포하는데, 놀랍게도 이 오아시스를 만든 일등공신은 지하수다.

'사하라 사막에 웬 지하수?'라고 생각하겠지만, 사실 이 메마른 땅 밑에는 물을 품고 있는 지층인 '대수층'이 넓게 분포한다. 과거 수천~수만 년에 걸쳐 조금씩 내린 비가 땅속으로 침투해 거대한 지하수를 이룬 것이다. 심지어 깊이가 50m를 넘는 대수층도 있다. 그 덕에 사막이라도 이런 지하수를 끌어올려 우물을 만들 수 있다.

오아시스 거주민들은 모래폭풍으로부터 오아시스를 지키기 위해 대추야자 같은 큰 나무를
오아시스 외곽에 빙 둘러 심는다.

샘 오아시스는 지하수 분포 지대 중 주로 고도가 낮은 지역에
만들어진다. 마치 깔때기 가운데로 지하수가 모인다고 생각하면 이
해하기 쉽다. 비가 많이 오면 수위가 높아지기도 하고, 가뭄이 지속
되면 수위가 낮아지기도 한다. 실제로 사하라 사막의 바하리야 오
아시스는 고도가 90~100m로, 주변보다 저지대에 위치해 있다. 시
와 오아시스 역시 해발고도가 -10m 안팎으로 주변보다 수십 미터
낮은 저지대 지역이다. 물론 지하수가 많다고 오아시스가 영원한
건 아니다. 거대한 모래폭풍이 오아시스를 오염시키거나 완전히 덮
어버릴 수 있기 때문이다. 그래서 오아시스 거주민들은 모래 피해
를 줄이고자 오아시스 외곽에 대추야자 같은 큰 나무를 빙 둘러 심
는다.

산록 오아시스와 비탄길

지하수가 아닌 다른 요인으로 오아시스가 생길 수는 없을까? 생길 수 있다! 중국 북서부의 타클라마칸 사막에 위치한 오아시스는 지하수가 아닌 주변 산맥의 영향으로 만들어졌다. 이른바 '산록 오아시스'다. 타클라마칸 사막은 위쪽으로 톈산 산맥, 아래로 쿤룬 산맥에 둘러싸여 있는데 비구름이 이 거대한 산맥을 넘지 못해 많은 양의 비를 뿌린다. 이 빗물이 산맥 아래 지층을 통과해 타클라마칸 사막으로 흘러들어 오아시스를 만든다. 그래서 타클라마칸 사막의 오아시스 마을은 대부분 사막 외곽지역, 즉 산맥 안쪽 기슭에 군집을 이룬다.

[산록 오아시스 생성 과정]

❶ 비구름이 산맥을 넘지 못해 많은 비가 내린다.
❷ 빗물이 산맥 아래 지층을 통과해 사막으로 흘러들어가 오아시스를 만든다.

Chapter 1. 기묘하게 얽히고 설킨 지구 이야기

그런데 여기서 더 재미있는 건 타클라마칸 사막에 있는 '쿠차Kucha'나 '누란Lou-lan' 같은 오아시스 도시는 약 2,000년 전만 해도 웬만한 다른 도시들보다 더 큰 번영을 누렸다는 사실이다. 바로 동방과 서방을 이어주는 실크로드의 중심지였기 때문이다. 타클라마칸의 작은 오아시스 마을들은 실크로드를 따라 사막을 건너는 상인들이 중간에 목을 축이고 쉬어 가기 위해 반드시 머물러야 하는 곳이었다. 이런 지리상의 이유로 과거 이 마을들은 사람으로 북적이는 큰 도시로 성장할 수 있었다.

실제로 약 2,000년 전에 쓰여진 중국의 역사서 《한서》에는 쿠차라는 오아시스 도시에 무려 8만여 명(8만 1,317명)이 살았으며 엄청난 번영을 누렸다는 이야기가 담겨 있다. 만약 오아시스가 없었다면 동서를 이어주는 무역로 실크로드는 탄생할 수 없었을 것이

다. 그리고 사막은 그 어떤 사람도 살 수 없는 진정한 죽음의 땅이었을 것이다.

　대자연이 만든 극적인 공간, 오아시스! 지구는 이렇게 비도 뿌리고, 샘도 생기고, 사막과 오아시스도 나타나면서 자기 모습을 변화시키고 그에 맞춰 인간의 역사도 달라지고 있는 것이다.

Chapter 2

듣도보도 못한
고대 생물
이야기

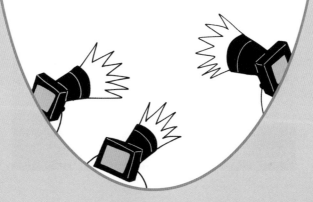

티타노보아는
왜 그렇게 거대했을까?

화석의 주인공은 바로 초거대 뱀 '티타노보아'다. 몸길이가 10m를 훌쩍 넘고, 몸무게는 1t(톤)이 넘는 이 거대 생명체는 어떻게 살았을까? 지금부터 그 비밀이 밝혀진다.

거대한 뱀, 티타노보아의 발견

2009년 《네이처》에 고생물학자들의 이목을 집중시킨 논문 하나가 실린다. 바로 '거대 보아뱀'에 대한 내용이다. 제이슨 헤드Jason Head 박사 연구팀은 2000년대 초반 콜롬비아의 탄광지인 세레혼Cerrejon 지역에서 엄청난 크기의 척추뼈들을 발견했는데, 분석 결과 뱀의 것으로 확인됐다. 현생 보아뱀Boa Constrictor의 척추뼈와 비교하면 이 화석의 주인공은 몸 크기가 엄청났음을 짐작할 수 있었다. 연구진은 이 거대한 고대 뱀의 이름을 화석의 발견 장소인 '세레혼'의 이름을 따서 '티타노보아 세레호넨시스Titanoboa Cerrejonensis'라고 명명했다.

화석지에서 발견한 28마리의 척추뼈와 갈비뼈 화석 등을 토대로 연구진이 추정한 티타노보아의 몸길이는 무려 13m에 달했다. 현존하는 가장 거대한 뱀인 그린아나콘다와 비교조차 안 되고, 티라노사우루스와 맞먹는 수치다. 게다가 무게 추정치는 1,135kg으

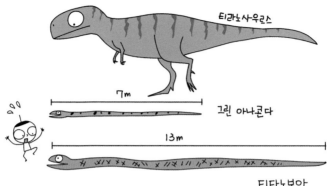

로 다 자란 기린과 비슷했다.

　그러던 2013년, 로스앤젤레스에서 열린 고생물학회 콘퍼런스에서 티타노보아 논문 저자인 제이슨 헤드 박사는 티타노보아의 몸길이를 14.3m(±1.28m)로 상향 조정해야 한다고 발표했다. 새로운 화석 표본들을 분석한 결과 이들의 두개골 길이가 40cm 정도로 파악됐기 때문이다.

티타노보아의 큰 몸집은 '온도' 때문?

도대체 티타노보아는 왜 이런 거대한 몸을 지니게 되었을까? 또 이들은 무엇을 먹고 어떻게 살았을까? 티타노보아는 공룡시대가 끝난 후인 약 5,900만 년 전 신생대 팔레오세에 등장했다. 사실 이 당시 거대한 동물은 티타노보아만 있는 건 아니었다. 티타노보아가

발견된 세레혼 지층에선 몸길이가 6m에 달하는 악어와 닮은 해양 파충류 아케론티수쿠스Acherontisuchus, 등껍질이 1.5m나 되는 푸엔테미스Puentemys, 이보다 더 큰 카르보네미스Carbonemys 같은 대형 거북 화석도 발견됐다.

이처럼 같은 시기 같은 지역에 티타노보아뿐 아니라 여러 대형 파충류가 살았다는 건 분명 이들의 거대한 몸집을 유지시켜주는 환경 요인이 있다는 뜻이다. 많은 과학자가 지목한 환경 조건은 바로 '온도'다. 파충류는 변온동물이기 때문에 주변 온도에 따라 물질대사율이 달라진다. 따뜻한 곳에서는 에너지를 더 많이 더 빠르게 생산하고 이에 비례해 몸집이 더 커질 수 있다. 따라서 티타노보아처럼 거대한 파충류가 등장하려면 주변 온도가 높아야 한다.

그렇다면 그 온도는 어느 정도여야 할까? 티타노보아를 발견한 연구진은 지금의 아나콘다가 평균 기온이 27℃인 환경에서 약

7m의 몸길이를 유지할 수 있다는 사실을 바탕으로 티타노보아의 경우 기온이 30~33℃ 정도 돼야 거대한 체구를 유지할 수 있었을 거라고 추측했다.

그렇다면 팔레오세 때 이 지역의 온도는 어땠을까? 이를 알아 내기 위해 연구진 중 한 명인 조나단 블로크Jonathan I. Bloch 박사는 세레혼 주변의 해양 지층 코어 속 이산화탄소의 농도를 토대로 기온을 유추했다. 그 결과 당시 이 지역의 기온은 약 28~31℃로, 티타노보아가 살기 적합한 것으로 드러났다. 또 고생물학자인 카를로스 자라밀로Carlos Jaramillo와 파비아니 헤레라Fabiany Herrera 박사의 연구도 이 같은 분석에 힘을 실었다. 세레혼 지층에서 발견된 식물 화석에서 탄소 동위원소의 비율과 식물잎의 모공 밀도 등을 분석한 결과, 당시 대기 중 이산화탄소의 농도는 오늘날보다 50%나 높았다. 이로 인해 육지의 평균 기온은 28℃를 훨씬 웃돈 것으로 나왔다. 즉 당시 콜롬비아 열대우림은 지금보다 더 더워 티타노보아처럼 거대 파충류가 등장하기에 충분한 환경이었다.

포유류와의 경쟁으로 몸이 더 커졌다고?

그러나 이 주장에 태클을 거는 과학자가 등장한다. 고기후학자 케일 스나이더맨Kale Sniderman이다. 기온 탓이라 결론을 내리면 별로 덥지 않은 호주의 온대 지역에 살던 고대 도마뱀 메갈라니아Megal-

현재 열대지방의 도마뱀 중에는 몸길이가 수 cm밖에 안 되는 종도 있다. 이는 따뜻한 온도만으로 몸길이가 결정된다는 온도 가설의 한계를 뒷받침한다.

ania가 4.5m까지 자란 이유를 설명할 수 없다며 반박했다. 또 그는 기온이 파충류의 크기를 결정한다면 현재 열대지방의 도마뱀은 몸길이가 적어도 10m는 돼야 한다며 '온도 가설'의 한계를 지적했다.

케일 박사는 티타노보아가 커진 이유를 포유류와의 경쟁에서 찾았다. 보통 종간 경쟁이 치열해지면 경쟁의 압박을 피하고자 몸집이 작아지는 선택압(경합에 유리한 형질을 갖는 개체군의 선택적 증식을 재촉하는 생물적·화학적 또는 물리적 요인)을, 반대로 경쟁이 덜 하면 몸집이 커지는 선택압을 받는다. 당시 콜롬비아 열대우림 지역은 공룡이 멸종한 직후라 티타노보아가 여러 파충류들을 포함해 경쟁할 만한 대형 육식 포유류가 없었다. 덕분에 티타노보아는 많은 먹잇감을 독차지해 충분한 에너지를 확보할 수 있었다. 이 같은 환경이 극단적으로 몸집이 커지는 데 영향을 미쳤다는 주장이다.

이렇듯 현재까지도 티타노보아의 몸집이 커진 원인에 대해 의견이 분분하다. 어쩌면 온도와 경쟁 요인 모두 티타노보아의 몸집이 커지는 데 영향을 미쳤을 수도 있다.

티타노보아의 주 무대는 물속

1t이 넘는 티타노보아는 어떻게 이런 육중한 몸으로 육지를 누빌수 있었을까? 이 질문에 많은 고생물학자는 티타노보아의 주 활동무대가 육지가 아닌 물이었기 때문에 무게에 대한 부담이 없었을거라고 답한다. 이는 티타노보아의 이빨과 연관이 깊다. 대부분의뱀은 턱에 이빨이 단단히 결합돼 있는 반면 티타노보아의 이빨은턱에 약하게 붙어 있다. 또 기존 보아과 뱀과 달리 이빨의 개수가

많고 조밀하다. 이런 이빨은 점액질 때문에 몸통이 미끌거리는 물고기를 놓치지 않고 잡아먹기에 적합하다. 실제 물고기를 주식으로는 하는 노란입술바다뱀이나 갈색물뱀 등에서 나타나는 특징이다.

티타노보아는 우리가 흔히 상상도에서 본 것처럼 거대한 악어 형류를 잡아먹고 살았다기보다 큰 물고기를 주식으로 삼았을 가능성이 높다. 보아과 뱀 중 물고기를 주식으로 삼는 동물은 현재까지 티타노보아가 유일하다. 아마 당시 강에 살았던 대형 폐어나 피라루쿠 같은 골설어류 등에게 티타노보아는 그야말로 공포 그 자체였을 것이다.

그런데 밀림의 강을 지배했던 이 거대한 뱀은 어쩌다 사라졌을까? 티타노보아의 멸종 원인과 시기는 정확히 밝혀지진 않았다. 일부 과학자들은 낮아진 기온을 멸종 원인으로 지목한다. 팔레오세에 급격히 높아진 지구의 온도는 약 4,900만 년 전부터 급강하하기 시작했다. 평균 30℃ 이상인 기후에서 살던 이들에게 급격한 기온 하

락은 어떤 형태로든 치명타를 입혔을 거라는 주장이다. 환경 변화 앞에선 장사가 없을 테니 말이다.

이쯤에서 이런 상상을 해볼 수 있겠다. 앞으로 수백만~수천만 년 후 아마존의 열대림이 지금보다 더 더워지고 아나콘다의 경쟁자가 모두 사라진다면 지금의 아나콘다는 티타노보아처럼 초거대 뱀으로 진화의 가지를 뻗을 수 있지 않을까?

고대 비버의 크기는 곰만 했다고?

뻐드렁니처럼 툭 튀어나온 앞니, 넓적하고 두툼한 꼬리.
귀여운 비버를 모르는 사람은 없을 것이다.

그런데 이렇게 작고 귀여운 외모와 달리 비버는 두꺼운 나무쯤은
거뜬히 쓰러뜨리는 괴력의 나뭇꾼이다.

압! 이 정도는
식은 죽 먹기지!

비버는 잘라낸 수많은 나뭇가지로 강에 거대한 댐을 지어 겨울을 나고 천적을 피하는 등 무척 신기한 생태를 지니고 있는 동물이다.

그런데! 불과 1만 년 전까지만 해도 북아메리카 대륙에 곰만 한 거대한 비버가 살았다는데…!

와우! 비버가 곰만 해!

카스토로이데스가 누구야? 곰만 한 비버?

때는 1837년 미국 오하이오주. 의사이자 과학자인 사무엘 힐드레스Samuel Hildreth는 내쉬포트 지역 주변 습지에서 거대한 두개골 화석을 발견한다. 그로부터 1년 뒤 고고학자 존 웰 포스터J. W. Foster는 이 화석을 보고 비버와 꼭 닮은 동물이라고 생각해 라틴어로 '비버'

[카스토로이데스의 모습]

출처 | 위키미디어

란 뜻의 '카스토르Castor'를 붙여 '카스토로이데스 오하이오엔시스
Castoroides Ohioensis'로 명명했다.

비버의 두개골과 비교하면 그 크기가 정말 어마어마하다. 앞니
길이만 무려 15cm에 달했다. 몸길이는 최대 2.2m, 몸무게는 100kg
이 넘는 개체도 있었을 것으로 추정된다. 거의 농구 선수와 맞먹는
체격이다. 이들의 꼬리 너비는 약 12cm로 비버보다 상대적으로 좁
고 가늘다. 화석이 발견된 지역이 습지인 데다 넓고 큰 뒷발, 물갈퀴
흔적 등을 보면 이들은 비버와 마찬가지로 반수생 동물이었을 것이
다. 사실 여기까지는 과학자들 사이에서 큰 이견이 없다.

카스토로이데스는 댐을 지었을까?

다만 한 가지, '카스토로이데스도 나뭇가지로 거대한 댐을 건설했을까?'에 대해서는 고생물학자들의 의견이 엇갈렸다. 카스토로이데스 발견 초기, 일각에서는 이들의 뇌 크기가 몸집에 비해 상대적으로 작기 때문에 비버처럼 댐을 건설할 수준의 지능을 갖추지 못했을 거라고 주장했다.

그러던 1905년 오하이오주 뉴녹스빌에서 카스토로이데스의 두개골 화석이 발견된다. 여기서 재미있는 사실이 드러난다. 이 화석이 발견된 곳은 마치 비버가 만든 댐처럼 보이는 높이 1.2m, 지름 2.4m의 나뭇가지로 만들어진 둥지였다.

이 발견을 근거로 일부 고생물학자들은 이들 역시 비버처럼 나무를 쓰러뜨리고 나뭇가지를 그러모아 댐을 만들었을 거라고 주장

했다. 현생 비버가 만든 댐의 길이는 최대 850m에 달한다. 따라서 과거 몸집이 거대한 고대 비버가 댐을 건설했다면 그 크기가 얼마나 컸을지 감히 상상조차 되지 않는다.

하지만 이에 대한 반론도 만만치 않다. 1965년 미국의 포유류 전문 고생물학자 루벤 스터튼Ruben A. Stirton은 비버 앞니의 끝은 마치 가느다란 끌처럼 생겨 나무를 효율적으로 자를 수 있는 반면 카스토로이데스의 앞니에는 이런 구조가 관찰되지 않는다는 사실을 발견한다. 즉 이들은 나무를 자르지 못했고, 따라서 댐도 지을 수 없었다고 주장했다.

카스토로이데스의 앞니 각도로 볼 때 나무를 자르기에 무리가 있었을 거라는 주장도 뒤이어 나왔다. 이뿐만이 아니다. 이들이 살던 플라이스토세Pleistocene(258만~1만 년 전)의 나무 화석에서는 카스토로이데스의 앞니 모양이나 각도와 일치하는 절단 흔적이 한 번도 관찰되지 않았다는 주장도 등장했다. 이처럼 많은 과학자가 카스토로이데스의 댐 건설 주제에 대한 반론을 제기했다.

2000년대에 들어서도 이 주제에 대한 논란은 여전했다. 캐나

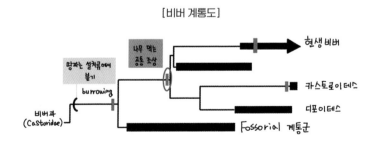

[비버 계통도]

사진 가운데에 팔라에오카스토르가 판 나선형 모양의 땅굴이 보인다.

다 자연사박물관의 나탈리아 립친스키 박사Natalia Rybczynski는 비버과가 약 4,000만 년 전 땅을 파고 사는 설치류 사이에서 처음 나타났다고 밝혔다. 이어 약 2,400만 년 전 나무를 먹는 공통 조상으로부터 현대 비버와 카스토로이데스, 그리고 디포이데스Dipoides속이 분화했다고 주장했다. 그리고 이들 중 디포이데스는 현생 비버처럼 나무를 먹고 수확하며 댐을 짓고 살았을 거라고 추측했다. 이를 바탕으로 다른 고생물학자들은 디포이데스와 가장 가까운 카스토로이데스 역시 댐을 건설했을 가능성이 높다는 주장을 펼쳤다.

　참고로 포소리얼Fossorial 계통군은 물에 살지 않고 땅에 굴을 파는 비버과를 뜻한다. 이들 중 팔라에오카스토르Palaeocastor라는 녀석은 특이하게 나선형 모양의 땅굴을 파고 살았다. 그래서 옛날 과학자들은 이 땅굴 화석을 보고 '악마의 코르크 따개'라고 불렀다. 언감생심, 고대 비버의 소행일 거라고는 생각지도 못하고 화석화된

식물의 일종이라고 여겼다. 이렇게 보면 생각보다 비버의 진화사가 특이하고 재미있지 않은가!

카스토로이데스는 댐을 짓지 않았다

이런 저런 많은 주장과 반론에 도저히 결론 나지 않을 것 같던 거대 비버의 댐 건설 논쟁에 결정타를 날리는 한 방이 나왔다. 바로 2019 년 해리엇와트대학교의 고생물학 연구원인 테사 플린트Tessa Plint의 주장이다. 그의 〈안정동위원소에서 추론한 거대 비버의 고생태학〉 이라는 논문의 제목에서 알 수 있듯, 그는 11마리 카스토로이데스의 뼈와 이빨 화석에서 콜라겐을 추출한 뒤 탄소와 질소 동위원소를 분석해 이들의 식단을 연구했다. 그 결과 카스토로이데스는 나무껍질을 먹는 대신 수련 같은 거대한 수생식물을 먹었다는 사실을 알아냈다. 즉 비버와 달리 나무껍질을 먹지 않았기 때문에 나뭇가지를 모아 댐을 건설하는 일도 하지 않았을 거라는 주장이다.

카스토로이데스의 멸종 원인

자~ 그런데! 왜 거대 비버들은 1만 년 전 모조리 자취를 감추었을까? 설마 인간 탓일까? 다행히 인간이 이들을 멸종시켰다는 결정적인 증거는 아직 없다. 현재 많은 과학자들은 거대 비버의 주된 멸종 원인으로 '기후 변화'를 지목한다.

2011년 유타대학교 고고학센터의 타일러 페이스Tyler Faith 박사는 1만 년 전 빙하기가 끝나고 지구가 따뜻해지면서 대기 중 이산화탄소의 농도가 높아졌는데, 이는 식물체 내의 질소 함유량 감소

를 불러왔다고 주장했다. 즉 식물의 영양가가 엄청나게 줄었다는 의미다. 이는 당시 많은 영양분을 섭취해야 하는 북미 대륙 거대 동물군의 멸종을 불러왔다. 따라서 큰 수생식물을 먹고 살던 거대 비버 역시 영양 결핍으로 멸종했다는 것이다.

이와 다른 시각도 있다. 2019년 웨스턴대학교의 프레드 롱스타프Fred Longstaffe 교수는 1만 년 전부터 빙하기가 끝나고 기후가 따뜻해지면서 북미 대륙의 기후 역시 점차 건조해졌다고 말한다. 이후 카스토로이데스가 서식하던 습지나 호수가 말라붙어 초원지대로 변했고, 그 결과 이들은 서식지를 잃고 멸종했을 거라는 주장이다.

반면 나무로 댐을 지어 서식 환경을 스스로 바꿀 수 있는 현생 비버는 상대적으로 이들보다 경쟁 우위에 서게 됐고, 열악해지는 환경 속에서 생존해 지금까지 삶을 이어왔다. 즉 별 거 아닌 듯한 댐 건설 여부가 한 종의 생사를 가른 것이다.

곰만 한 비버의 사라진 이야기가 흥미로웠는가? 현재 지구상에 남은 비버는 단 2종이다. 미래에 펼쳐질 환경 변화에 이들은 어떻게 진화해 나갈까? 댐 건설이 아닌 전혀 색다른 기술로 무장한 새로운 비버가 등장할 수 있을까?

고래가 물속이 아닌 육지를 두 발로 걸어다녔다고?

지금 여러분은 46억 년 지구 역사상 가장 큰 동물을 보고 있다. 몸 길이는 30m, 무게는 170t 이상 나가는 대왕고래다.

대왕고래는 코끼리나 매머드와 비교할 수 없을 정도로 크고 심지어 용각류보다 무겁다. 그런데 지구의 시계를 약 5,000만 년 전으로 되돌리면 바다에서 그 어떤 고래도 만날 수 없다.

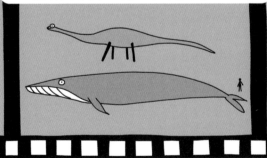

그들을 만나려면 해안가로 가야 한다. 여기, 최초의 고래라고 불리는 파키케투스가 있다.

고래와 닮은 점이 있는가?

고생물학자들은 어떻게 이 작은 육상 포유류가 고래의 조상임을 알았을까? 그리고 이들은 어쩌다 바다로 가게 되었을까?

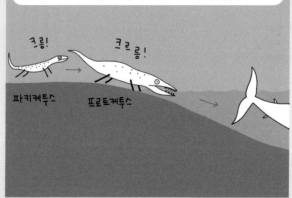

크링!

크르릉!

파키케투스   프로토케투스

고래의 원시 조상, 파키케투스의 발견

과거 일부 과학자들은 바다에 사는 포유류를 보면서 어쩌면 중생대 바다에 살던 포유류의 후예일 수도 있다고 생각했다. 하지만 중생대 바다 지층에서 바다 포유류의 화석이 한 점도 발견되지 않았기에 이 가설은 금세 묻혔다.

이후 1966년 미국의 진화생물학자 리 밴 베일런Leigh Van Valen은 고래가 포유류인 이상 조상은 육상동물일 수밖에 없다고 주장했다. 바로 고래의 육상동물 기원설이다. 많은 생물학자가 그의 의견에 동의했지만, '이게 고래 조상이다!'라고 할 만한 명확한 화석들이 발견되지 않아 고래 진화에 대한 연구는 진척이 더딜 수밖에 없었다.

그러던 1981년 미국 미시간대학교의 필립 깅그리치Philip Gingerich 박사는 파키스탄의 인더스강 주변 산지에서 약 5,000만 년 전에 살았던 육상동물의 뼛조각을 발견한다. 이 뼈를 유심히 관찰하던 깅그리치 박사는 어떤 뼈 한 조각을 보고 이 화석의 주인공이 고래의 조상임을 직감한다. 그리고 화석의 이름을 '파키스탄의 고래' 라는 뜻으로 '파키케투스Pakicetus'라고 지었다.

과연 깅그리치 박사는 어떤 뼈를 보고 파키케투스가 고래류임을 직감했을까? 그건 바로 일명 '고실뼈'라고 불리는 귀뼈다. 귀뼈에는 오직 고래목에서만 발견되는 특징이 하나 있다. 바로 볼록 튀어나온 새뼈집(골구)이다. 우리 인간을 포함한 다른 포유류는 공기의 진동으로 소리를 듣기 때문에 귀뼈 내부에 공기를 받아들이기 위한 공간이 넓다. 그래서 새뼈집의 두께는 매우 얇은 대신 내부에 넓은 빈 공간이 있다. 반면 물속에 사는 고래는 공기의 진동이 아니라 물을 타고 퍼지는 소리를 뼈 자체의 진동으로 들어야 한다. 그래서 이 진동을 전달하는 새뼈집이 매우 두껍고 치밀하다.

파키케투스의 귀뼈는 이런 고래목 귀뼈의 특징을 고스란히 지

[일반 포유류 새뼈집 VS 고래류 새뼈집]

넜다. 그래서 킹그리치 박사는 비교적 쉽게 파키케투스를 고래의 조상으로 분류할 수 있었다. 이런 귀뼈를 가진 파키케투스는 아마 공기의 진동으로 소리를 듣기보다 땅에 턱을 댄 채 땅으로 전해지는 다른 동물의 발자국 진동 소리를 들었을 것이다. 다른 포유류와 차별화된 이런 듣기 기능은 육지에서는 그다지 유용하진 않았겠지만, 훗날 물속으로 진출하는 데 매우 중요한 역할을 한다.

하지만 당시까지만 해도 파키케투스의 전신 골격은 발견되지 않았다. 그래서 파키케투스의 실제 생김새를 비롯해 고래와의 연관 관계를 확정 짓기에는 무리가 있었다.

고래 조상은 사실 육지에 살았다

그러던 2001년 《네이처》에 파키케투스의 전신 골격 화석과 고래와의 연관성이 담긴 논문이 실렸다. 고생물학자 한스 테비슨J. G. M. Hans Thewissen 박사는 논문을 통해 파키케투스의 크기가 늑대와 비슷하고 4개의 다리를 지녔으며, 다리 끝에 발굽이 있다는 사실을 발표했다. 그리고 이들의 후손인 고래 역시 계통학적으로 하마가 속한 우제목과 가장 가깝다는 사실을 밝혀냈다.

또 1990년대부터 진행된 고래 DNA에 대한 분석 결과도 주목할 만하다. 이를 통해 고래가 실제로 하마, 돼지, 사슴 같은 발굽 포유류와 밀접하다는 사실이 확인됐다. 이후 고래 진화에 대한 연구

고래는 계통학적으로 하마가 속한 우제목과 가장 가깝다고 여겨진다.

는 급물살을 타기 시작한다.

특히 '걷는 고래'라는 뜻을 지닌 '암불로케투스Ambulocetusnatans'의 발견은 고래 진화 과정을 밝히는 중요한 열쇠가 되었다. 파키케투스보다 100만 년 늦게 등장한 암불로케투스는 몸길이가 4m나 됐고, 생김새는 악어를 빼닮았다. 무엇보다 생태가 참 독특했다.

암불로케투스의 화석은 모두 바다 퇴적층에서 발견됐다. 더구

[암불로케투스 골격 화석]

나 뒷발에 물갈퀴가 있을 가능성이 높았다. 바다에서 생활한 게 분명했다. 하지만 이들의 뼈를 분석한 결과 산소 동위원소의 비가 이상했다. 바다와 민물은 산소-16과 산소-18로 서로 다른데, 암불로케투스 뼈의 산소 동위원소 비는 바다보다 민물 쪽에 가까웠다. 이는 암불로케투스가 바다에서 살았지만 마시는 물은 바닷물이 아니라 민물이고, 먹잇감도 바다 동물이 아닌 민물고기나 육상 포유류였다는 사실을 의미한다. 어쩌면 악어처럼 강에 매복해 있다가 물을 마시러 온 육상동물을 사냥했을지도 모를 일이다.

이 사실을 발견한 한스 테비슨 박사는《걷는 고래》라는 책에서 암불로케투스가 바다와 강을 오가며 이중생활(?)을 했고, 더불어 육지에서 바다로 진출하는 중간 단계의 종이라고 주장했다.

완전한 고래 조상의 등장

암불로케투스 이후 300만~400만 년이란 짧은 시간 동안 고래목 조상은 '쿠치케투스Kutchicetus → 로드호케투스Rodhocetus → 프로토케투스Protocetus' 등으로 빠르게 분화를 거듭했다(적응방산). 이때까지만 해도 이들에겐 긴 꼬리와 어기적어기적 걸을 정도의 짧은 다리가 있어 해안가나 얕은 바다 등에 적응해 살았다.

그러다 약 700만 년이 흘러 3,900만 년 전쯤 드디어 바실로사우루스Basilosaurus와 도루돈Dorudon 같은 몸집이 큰 진정한 유선형의 고래류가 등장한다. 이들은 꼬리가 아닌 꼬리지느러미를 지녔고, 뒷다리는 거의 퇴화됐다. 앞다리는 가슴지느러미로 변해 넓은 바다

[생김새로 보는 고래 조상의 진화 과정]

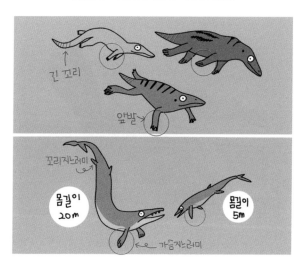

를 누비기 시작했다. 그리고 도루돈부터 진화의 가지를 뻗어 나온 종이 지금의 이빨고래와 수염고래다.

고래가 바다로 간 까닭

그렇다면 도대체 고래가 바다로 간 이유는 뭘까? 고래 진화 연구의 대가, 한스 테비슨 박사는 그 원인이 한 가지가 아니라고 말한다. 그에 따르면 5,000만 년 전 작은 네 발 동물 중 일부는 먹이 경쟁과 포식자를 피해 물속으로 눈길을 돌렸다. 이들이 물에 머무는 시간이 늘어나면서 후손 중 일부는 헤엄치는 법을 터득했다. 또 일부는 물속의 먹잇감을 사냥하는 데 익숙해지면서 자연스레 땅 위를 걷는 능력을 잃기도 했다. 이렇게 수많은 요인이 복합적으로 고래를 바

바다로 간 포유류의 대표 주자, 고래의 모습

Chapter 2. 듣도보도 못한 고대 생물 이야기

다로 이끌었다고 주장했다.

이 드라마 같은 일련의 과정은 목적도 방향도 없는 우연의 연속이다. 당시 수중 환경에 적합한 포유류만 우연히 자연선택되어 살아남았고, 지금의 고래로 진화했다.

히말라야 산맥이 채 형성되지도 않은 약 5,000만 년 전, 테티스해 주변 여울가를 어슬렁거리던 파키케투스는 훗날 자신의 후손이 지구 역사상 가장 큰 동물이 될 거란 사실을 짐작이나 했을까? 이렇듯 진화는 한치 앞도 내다볼 수 없기에 더욱 장엄하고 경이로운 것인지 모른다.

스테고사우루스 등에 있던 골판은 어떤 일을 했을까?

여기 고구마처럼 생긴 공룡이 있다. 영화 속에서 한번쯤 봤을 이 공룡은 '지붕 도마뱀'이란 별명을 지닌 스테고사우루스다.

크기도 크기지만, 스테고사우루스가 그 어떤 공룡보다 독특한 포스를 풍기는 이유는 바로 등에 뾰쪽하게 솟은 '골판' 때문이다.

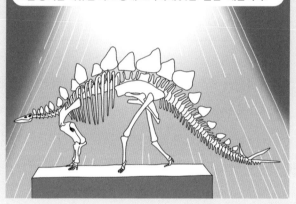

스테고사우루스의 등에는 높이가 60cm에 달하는 골판이 무려 17~22개나 붙어 있다. 스테고사우루스는 이렇게 거추장스러운 골판을 왜 달고 있었을까?

스테고사우루스의 발견, 그리고 골판의 위치와 배열

1877년 스테고사우루스Stegosaurus의 화석이 처음 발견됐을 때 과학자들은 스테고사우루스의 골판을 '방어용'으로 생각했다. 왜냐하면 스테고사우루스의 최초 복원도는 아래 그림과 같은 모습이었기 때문이다. 지금과 사뭇 다르다. 마치 거북이 등껍질처럼 골판이 등 전

[스테고사우루스 초기 복원도]

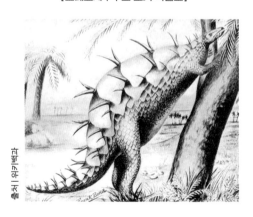

출처 | 위키백과

체를 감싼 모습이다. 이렇게 복원할 수밖에 없었던 이유는 발견 당시 스테고사우루스의 골판 화석이 바닥 여기저기에 뿔뿔이 흩어져 있었기 때문이다. 따라서 골판이 등에 늘어서 있을 거라고 상상할 수조차 없었다.

하지만 스테고사우루스의 복원도는 금세 바뀐다. 그로부터 9년 후 미국 콜로라도주에서 꽤 양호한 상태의 스테고사우루스 화석이 발견됐기 때문이다. 화석에서 드러난 스테고사우루스의 골판 위치는 독특했다. 골판이 몸을 감싸지 않고 모두 등을 따라 늘어서 있었다.

등을 따라 배치된 골판의 모양을 두고도 논란이 많았다. 화석을 발견한 예일대학교의 오스니엘 찰스 마시Othniel Charles Marsh 박

스테고사우루스의 골판 배치 형태를 두고 과학자들은 서로 다른 의견을 내놓았지만, 지그재그 비대칭으로 골판이 나열돼 있다는 주장이 학계 정설로 자리 잡았다.

사는 골판이 한 줄로 배열돼 있다고 주장했다. 반면 리처드 럴Rich-ard Swann Lull 박사는 17개나 되는 골판이 일렬로 늘어서면 꼬리를 자유롭게 움직일 수 없기 때문에 두 줄 대칭으로 나란히 배치되었을 거라고 추측했다. 이와 다르게 생각한 과학자도 있었다. 찰스 휘트니 길모어Charles Whitney Gilmore 박사는 두 의견 모두 틀렸다며, 스테고사우루스의 골판은 지그재그 비대칭으로 나열돼 있다고 주장했다.

스테고사우루스의 골판 배치 형태를 두고 1900년대 초반부터 과학자들은 옥신각신했다. 하지만 1980년대 이후 지그재그 형태의 골판 배열 화석이 여러 곳에서 발견되면서 길모어 박사의 주장이 학계 정설로 자리 잡았다.

골판의 용도는 무엇일까?

상황이 이렇게 흐르자 공룡학자들은 스테고사우루스의 골판 용도에 대해 다시 생각했다. 아무리 생각해도 등을 따라 배열된 골판은 방어용으로 보기엔 애매했다. 방어용이라면 거북이처럼 등 전체를 감싸거나 연약한 배 부위를 감싸야 하는데, 스테고사우루스의 골판 위치는 뭔가 엉성했다. 포식자가 나타나면 골판을 수평으로 눕혀 옆구리와 허벅지를 보호했을 거라는 주장도 나왔다. 하지만 스테고사우루스의 등과 골판을 이어주는 근육과 인대가 충분하지 않았다.

무엇보다 골판이 엄청 딱딱하지도 않았다. 척추뼈와 직접 연결되지도 않고 등쪽 피부에서 별도로 생겨난 조직이었다. 이후 이 골판이 빽빽한 케라틴 단백질과 콜라겐 섬유, 그리고 엉성한 뼈 조직으로 이뤄졌다는 사실이 밝혀진다. 오늘날 악어 피부에 있는 딱딱한 뿔 같은 조직과 비슷한 셈이다. 이 골판이 방어용이 아니라면 도대체 무슨 용도였을까?

골판은 체온조절용

1976년 인디애나대학교의 제임스 팔로우James O. Farlow 박사는 《사이언스》를 통해 꽤 획기적인 답을 내놓았다. 바로 '체온조절설'이다. 골판으로 체온을 조절한다고? 선뜻 이해가 되지 않는다.

스테고사우루스의 골판 화석 사진을 보면 수많은 자국이 보인다. 이는 작은 혈관들이 복잡하게 지나간 자국이다. 팔로우 박사는 CT를 찍어 골판 속을 관찰했는데, 여기서도 혈관의 흔적을 발견했다. 이를 통해 팔로우 박사는 스테고사우루스가 피를 골판으로 흘려보내 체온을 조절했을 거라고 추정했다.

체온이 떨어지면 햇볕이 내리쬐는 곳으로 나가 골판으로 피를 쫙~ 보내고 피가 뜨거워지면 다시 온몸으로 보내 체온을 높였을 거란 주장이다. 반대로 너무 더우면 그늘로 자리를 옮겨 골판으로 피를 쫙~ 보낸 후 식은 피를 다시 온몸으로 보내 체온을 낮췄다고 생

출처 | 위키피디아

스테고사우루스의 골판 화석을 보면 혈관이 지나간 자리가 보인다.

각했다. 이는 마치 사막여우나 토끼, 코끼리가 넓은 귀를 이용해 체온을 조절하는 방식과 비슷한 원리다.

팔로우 박사는 2010년 발표한 논문을 통해 더 정확한 데이터로 골판의 '체온조절설'에 힘을 실었다. 논문에 수록된 사진들을 보면 혈액이 지나간 구멍이 보이고, CT 사진에서도 아주 선명한 혈관을 확인할 수 있었다.

팔로우 박사의 주장은 증거가 명확했기 때문에 공룡학계에서 큰 환영을 받았다. 지금은 스테고사우루스의 골판은 방어용이 아니라 체온조절용이라는 가설이 공룡학계의 주된 의견으로 자리 잡았다.

스테고사우루스가 골판으로 피를 보내 체온을 조절했을 거라는 체온조절용 가설이 학계에 주된 의견으로 자리 잡았다.

또 다른 용도는 구애

여기서 한발 더 나아가 미국 동부 유타주립대학교의 케네스 카펜터 Kenneth Carpenter 박사는 스테고사우루스가 자신을 과시하거나 이성을 유혹할 때 골판으로 피를 보내 붉게 물들였을 거라고 주장했다.

한 번 상상해보자. 버스만 한 거대한 공룡이 높이가 60cm에 달하는 골판을 붉게 물들여가며 매력을 뽐내는 모습을. 정말 놀랍지 않은가?

몸에 달린 골판 하나로 수많은 과학자를 100년 동안 옥신각신하게 만든 스테고사우루스다. 최근에는 암컷과 수컷의 골판이 다르다는 논문도 발표됐다. 앞으로 또 어떤 가설이 나와 기존 학설을 뒤

집을지 모른다. 과학은 늘 변하기 마련이니까. 이쯤 되니 스테고사
우루스에게 직접 묻고 싶다. "너, 골판 어디다가 썼냐?"고 말이다.

파라사우롤로푸스는 머리 위의 볏을 어디에 사용했을까?

무엇보다 정수리에서부터 길게 뻗은 볏의 길이는 무려 1m로, 파라사우롤로푸스의 외모에 정점을 찍는다.

근데 파라사우롤로푸스는
저렇게 불편해 보이는 볏을
왜 달고 있었지?

저것 봐.

파라사우롤로푸스의 볏은 어떤 용도일까?

1922년 캐나다 고생물학자 윌리엄 아서 파크스William Arthur Partks는 캐나다 앨버타에서 발견된 요상한 공룡의 두개골과 골격 화석을 보고 '파라사우롤로푸스Parasaurolophus'라고 이름 짓는다. '볏을 가진 도마뱀'이란 뜻이다. 공룡학계에 녀석의 생김새가 알려지면서 많은 고생물학자가 머리 꼭대기에서 목과 어깨를 넘어 길게 뻗은 볏을 보고 궁금증을 품었다.

　재미있게도 1930년대부터 1960년대까지 공룡학자들은 파라사우롤로푸스의 주둥이가 오리를 닮은 데다 앞발가락의 피부가 물갈퀴처럼 생겼다는 사실 때문에 수중 생활을 했을 것으로 착각했다. 그래서 당시 유명한 미국 척추고생물학자인 앨프리드 셔우드 로머Alfred Sherwood Romer 박사는 파라사우롤로푸스가 볏을 스노클 장비처럼 사용했을 거라고 주장했다. 로머 박사는 볏이 코와 연결되고 볏 안이 비어 있다는 점을 근거로 티라노사우루스 같은 포식자가

나타나면 물속으로 피신해 호흡하는 데 사용했을 거라고 추측했다.

이후 이와 비슷한 가설들이 쏟아져 나왔다. 찰스 스턴버그 Charles H. Sternberg나 에드윈 콜버트Edwin H. Colbert 박사는 "파라사우롤로푸스는 볏에 공기를 저장했다가 필요할 때 사용했을 것이다!"라고 주장했다. 혹시 '피식' 코웃음이 나왔는가? 실제 그렇다. 여러분의 예상대로 앞서 나온 가설들은 완전히 박살났다.

먼저 공기저장용 가설은 10m에 달하는 파라사우롤로푸스의 몸집에 비해 볏의 크기가 너무 작기 때문에 공기저장용으로 큰 효과를 볼 수 없다며 기각됐다. 스노클 가설 역시 파라사우롤로푸스의 앞발가락 피부가 물갈퀴가 아닌 것으로 드러나고, 이 공룡이 육상 생활을 한 것으로 밝혀지면서 힘을 잃었다. 무엇보다 잠수할 때 호흡을 위해 볏을 스노클로 사용했다면 외부의 공기가 들락날락할 수 있도록 볏 끝에 구멍이 있어야 한다. 그러나 지금까지 발견된 파

출처 | 위키백과

파라사우롤로푸스의 볏 화석에서 구멍이 발견되지 않았다. 이에 따라 잠수할 때 호흡을 위해 볏을 사용했다는 스노쿨 가설은 힘을 잃었다.

라사우롤로푸스의 볏 화석에는 그 어떤 구멍도 발견되지 않았다. 오히려 볏 끝이 막혀 있다는 사실이 드러나면서 스노클 가설은 완전히 폐기됐다.

이후 오스트리아 고생물학자 아덴 아벨Othenio Abel은 파라사우롤로푸스가 서로 힘겨루기를 할 때 볏을 사용했다고 주장했다. 그리고 존 오스트롬John Ostrom 교수는 냄새를 잘 맡기 위한 기관일 거라고 추측했으며, 몸의 소금기를 조절하는 데 썼을 거라는 가설까지 나오는 등 이 공룡의 볏을 두고 다양한 '썰'이 난무했다. 하지만 어느 것 하나 확실한 증거는 없었고, 학계에 정설로 받아들여지지 않았다.

볏은 소리통으로 사용됐다

오리무중이던 볏의 쓰임새에 대한 실마리는 1931년 칼 와이만Carl Wiman 박사의 가설에서 풀리기 시작한다. 그의 가설은 꽤 발칙했다. 놀랍게도 그는 파라사우롤로푸스의 볏이 울음소리를 증폭시키는 용도라고 주장했다. 이 가설은 오랫동안 주목받지 못했지만, 1981년 데이비드 웨이셈펠David Weishampel 박사의 연구가 더해지면서 주목받기 시작했다.

웨이셈펠 박사는 파라사우롤로푸스의 볏 안이 텅 비어 있다는 점에 착안해 울음소리를 증폭하는 용도로 사용했을 거라고 주장했다. 마치 관악기처럼 말이다. 그는 고니가 소리를 낼 때 '복장뼈'의 빈 공간을 통해 소리를 증폭하는 것처럼 파라사우롤로푸스의 볏도

파라사우롤로푸스와 볏이 다르게 생긴 같은 종들이 소리를 내며 우는 모습을 보면 볏에서 소리가 퍼져나가는 모습이 각기 다르다.

내부가 비어 있기 때문에 비슷한 원리로 작용했을 거라고 추측했다.

또 그는 볏 내부에 있는 빈 공간의 길이에 따라 파라사우롤로푸스에 속하는 종마다 울음소리가 각기 다를 것이라고 주장했다. 이를 증명하기 위해 볏의 길이와 부피에 따른 울음소리의 주파수를 분석했다. 그 결과 볏이 긴 파라사우롤로푸스 월케리의 경우 48~240Hz(헤르츠)의 울음소리를 냈을 것으로 예측됐다. 꽤 저음을 낸 셈이다.

그리고 1996년 고생물학자 톰 윌리엄슨Tom Williamson과 컴퓨터 모델링 전문가 칼 다이저트Carl Diegert가 이 연구 결과를 확실히 뒷받침하는 실험을 한다. 그들은 파라사우롤로푸스의 볏 화석을 토대로 하여 컴퓨터로 볏의 입체 구조를 만든 후 속이 빈 볏 안에 공기를 통과시키는 시뮬레이션을 진행했다. 놀랍게도 컴퓨터 속에서 파

[볏 안에서 소리가 증폭되는 과정]

텅텅~

❶ 콧구멍으로 들어온 공기가 볏 안으로 이동한다.
❷ 텅텅 비어 있는 볏으로 들어온 공기가 공명하며 소리가 증폭된다.

라사우롤로푸스가 울부짖기 시작했다. 마치 트럼펫 같은 관악기에서 나는 낮은 소리가 들렸다. 파라사우롤로푸스의 볏은 안이 텅텅 비어 있고, 콧구멍으로 들어오는 공기의 길과 통해 있어 소리를 공명시키는 울림통 역할을 했던 것이다.

파라사우롤로푸스가 저음으로 울었던 이유

여기서 한 가지 의문이 든다. 파라사우롤로푸스는 왜 30Hz의 낮은 음으로 울었을까? 또 이렇게 소리를 증폭시킨 이유는 무엇일까? 앞선 실험을 진행한 톰 윌리엄슨 박사의 주장은 이렇다. 주파수가 낮으면 파장이 긴데, 파장이 길면 소리가 장애물을 피해 멀리까지 퍼진다는 장점이 있다. 더불어 소리의 진원지를 들킬 위험이 줄어든

다. 즉 파라사우롤로푸스는 육식공룡이 나타나면 먼 곳까지 소리를 보내 멀리 떨어져 있는 동료에게 위험을 알리면서 자신의 위치를 들키지 않았다. 저음으로 소리를 내야 생존에 유리했다는 뜻이다.

이 학설은 현재 공룡학자들 사이에서 정설로 인정받는다. 현재 공룡학자들은 파라사우롤로푸스의 볏의 용도를 '신호를 보내는 장치'로 본다. 또 파라사우롤로푸스가 속한 람베오사우루스류(아과) 공룡들은 각각 다른 볏을 갖고 있는데, 서로 동료를 구별하는 데 볏을 활용했을 것으로 추정한다. 최근에는 이성에게 구애할 때 볏을 사용했다는 주장도 속속 나오고 있다. 과연 앞으로도 또 어떤 주장이 등장해 파라사우롤로푸스의 볏을 돋보이게 할까?

왜 바퀴 달린 동물,
날개 달린 유인원은 없을까?

심포지엄이 열리는 회의장.

두더지, 고래, 카멜레온, 문어, 기린, 침팬지, 거북…. 지구는 정말 독특한 생물로 가득한 곳입니다.

이처럼 기이한 다양성은 모두 진화가 빚어낸 결과물이죠.

그런데 말입니다. 진화가 이토록 혁신적이라면 왜 바퀴 달린 동물이나 프로펠러로 헤엄치는 물고기, 날개 달린 유인원은 없을까요?

지금부터 그 '불가능한 진화'에 대한 이야기를 시작해보겠다.

불 가 능 한   진 화

웅성   웅성

왜 생물계에선 바퀴 달린 다리가 발견되지 않을까?

수천 년 전 인류는 '바퀴'라는 놀라운 발명품을 개발했다. 운송에 탁월한 바퀴는 특히 전쟁에서 적군을 공포에 떨게 만드는 무기의 중추가 됐다. 현재까지 바퀴에 관한 연구가 지속되며 인류의 수많은 운송 수단에 적용되고 있다. 그런데 이상한 점이 있다. 아무리 눈을 씻고 찾아봐도 생물계에는 바퀴와 비슷한 기관을 가진 동물이 없다.

사실 거미줄이나 연잎의 나노 돌기에서 알 수 있듯 많은 생물들은 수억 년의 시간 동안 시행착오를 거치며 현재 인간의 기술로 따라잡기 힘든 기관과 기능을 갖췄다. 그런데 이토록 간단해 보이면서 효율성이 높을 것 같은 바퀴는 어째서 생명의 역사에서 단 한 번도 등장하지 않는 걸까?

영국의 생물물리학자인 찰스 코켈Charles S. Cockell 박사는《생명의 물리학》이란 책을 통해 간단한 답을 내놓는다. "바퀴는 다리보다 비효율적이라서 진화하지 않았습니다."라고 말이다. 그는 바퀴가 도로나 철도 같은 평평한 표면에서는 더할 나위 없이 효과적이지만 언덕과 자갈, 늪지, 진흙 등 수많은 장애물로 뒤덮인 자연환경에선 비효율적이라고 강조했다. 자연에서 살아가는 생물에게 바퀴는 오히려 생존에 매우 불리한 형질이라는 이야기다. 특히 먹이를 사냥하거나 천적을 피할 때 방향을 빠르게 전환하려면 다리가 바퀴보다 훨씬 유리하다고 주장했다.

컬럼비아대학교의 역사학자 리처드 불리엇Richard W. Bulliet 박사는 《낙타와 바퀴The Camel and the Wheel》라는 책을 통해 바퀴는 과거 4~6세기경 낙타와의 경쟁에서 완전히 밀린 역사가 있을 정도로 효율성이 낮은 도구라고 밝혔다.

낙타는 한 마리당 무려 150kg 이상의 짐을 실을 수 있고, 사막처럼 거친 지형도 하루에 30km씩 몇 주 동안 꾸준히 이동할 수 있

동물의 다리는 방향을 빠르게 전환할 때 바퀴보다 유리하다.

다. 더구나 소수 인원으로도 관리가 가능하다. 이 때문에 바퀴 달린 수레보다 낙타가 훨씬 효율적인 운송 수단이었다. 또 3세기 로마 디오클레티아누스 황제 시절, 낙타 운송이 마차보다 약 20% 저렴 하다는 기록이 있다. 동력 기관이 없던 시절에 바퀴는 '다리'라는 기관에 맥을 못 춘 셈이다.

이런 이유가 아니더라도 바퀴는 구동부와 본체를 분리해야 하기 때문에 모든 기관이 연결되어 있는 동물의 신체 특성상 애초에 등장하기 어려운 기관이다. 설사 바퀴와 비슷한 기관이 있다고 가정하더라도 한 방향으로 빠르게 회전하는 기관에 혈관과 신경을 꼬이지 않게 만드는 일은 물리적으로 불가능에 가깝다.

같은 맥락에서 물고기가 지느러미 대신 프로펠러를 지니지 않은 이유 역시 비효율적이기 때문이다. 코겔 박사는 선박의 프로펠러가 회전할 때 기포가 생기는 공동 현상에 주목했다. 공동 현상이 추진력을 약화시키기 때문에 프로펠러의 에너지 효율은 고작해야 60~70%에 불과하다고 주장했다. 또 공동 현상은 프로펠러를 손상시킬 수 있다.

반면 물고기는 지느러미로 구불구불한 물결을 일으키며 이 물결을 따라 나아가는데, 이런 운동 방식은 에너지 효율이 95% 이상이라 프로펠러보다 훨씬 효율적이라고 설명했다. 최근 공학자들이 기존 프로펠러 대신 수중생물의 지느러미를 본뜬 추진체를 연구하는 이유도 여기에 있다.

생물마다 진화한 생체 기관이 다른 이유

인류의 발명품과 생물의 생체 기관 비교는 효율성으로 설명할 수 있다. 그런데 생체 기관끼리 비교하면 조금 이해가 안 되는 부분이 생긴다. 예를 들어 날개는 정말 훌륭한 생체 기관인데 왜 인간은 날개가 진화하지 않았을까? 마찬가지로 왜 날개 달린 호랑이(포식자)나 말은 없을까? 진화가 생존을 유리한 방향으로 이끈다면 날개처럼 훌륭한 생체 기관은 더 많은 생물에게서 진화했어야 하지 않을까?

이에 대한 답은 간단하다. "그냥 그 상황에선 이게 최선이었다."다. 예를 들어 수많은 산봉우리가 있는 곳에 인류를 비롯한 포유류의 먼 조상이 있다고 가정해보자. 이 후손들은 저마다 처한 생존 문제를 해결하며 각자의 길을 따라 봉우리로 올라간다(여기서 봉우리를 오르려는 목적은 없음). 이 비유에서 봉우리는 일종의 생존을 위한 해결책이다. 봉우리를 올라가는 과정은 시간 경과에 따라 환경에 적합한 형질을 갖추며 진화하는 그 자체나 마찬가지다.

시간이 아주 많이 흐른 뒤 각 후손이 도착한 봉우리(해결책)는 모두 다르다. 박쥐의 앞다리는 날 수 있는 날개로, 사람은 도구를 사용하는 팔로, 말은 빠르게 달릴 수 있는 굽이 있는 다리로, 호랑이는 공격에 용이한 짧고 강력한 앞다리로, 즉 저마다 고유한 해결책을 갖게 된 셈이다. 이렇듯 진화는 일종의 '땜장이'다. 처음부터 완벽한 것을 설계하는 게 아니라 기존의 것을 조금씩 고쳐가며 '현재 처한 상황'마다 '최선의 방법'을 찾아내는 과정이다.

생물들은 시간이 흐르면서 각자 다른 해결책으로 적응하고 진화한다. 이는 일종의 서로 다른 산봉우리를 오르는 과정이다.

Chapter 2. 듣도보도 못한 고대 생물 이야기

나쁜 해결책을 선택하지 않는 생물들

그렇다면 이런 질문을 떠올릴 것이다. 'A라는 봉우리에서 B라는 봉우리로 갈 수 있지 않을까?' 이에 대해 스위스 취리히대학교의 진화생물학자인 안드레아스 바그너Andreas Wagner는 《진화와 창의성》이란 책을 통해 거의 불가능하다고 말한다. 그는 봉우리를 옮기려면 그 사이의 계곡, 즉 내리막길을 지나야 하는데 이는 생존에 더 나쁜 해결책을 뜻한다고 이야기한다. 오르막길은 생존에 도움이 되는 해결책, 내리막길은 그 반대라는 설명이다. 그리고 진화는 그저 맹목적으로 봉우리를 '오르는' 과정이며, 자연은 결코 나쁜 해결책인 내리막길을 허용하지 않는다고 주장했다.

진화는 오르막(보라색 화살표)을 올라가는 과정이며, 자연은 결코 나쁜 해결책인 내리막길(빨간색 화살표)을 허용하지 않는다.

또 비슷한 맥락에서 생물학자인 리처드 도킨스Richard Dawkins 역시 인류의 팔이 날개로 진화하려면 여러 중간 단계를 거쳐야 한다며, 여기서 특히 중요한 부분은 각 단계가 어떤 식으로든 생존에 도움이 되어야 한다고 설명한다. 만약 그렇지 않다면 팔이 날개로 진화하기 어렵다는 의견이다.

반대로 새가 날개를 갖게 된 이유는 진화의 중간 과정마다 매번 생존에 어떤 식으로든 도움이 됐다는 의미다. 수각류 공룡의 초기 깃털은 비행용이 아니라 보온이나 구애 등에 활용됐다. 이후 활강의 보조 역할을 하며 먹이를 잡거나 포식 동물을 피하는 데 도움을 줬다. 즉 날개는 수많은 과정을 거쳐 누적된 자연선택의 결과다.

[공룡의 깃털이 새의 비행용 깃털로 변화하는 과정]

선택압으로 인한 결과

그리고 특정 형질이 변하거나 새로운 형질이 등장하려면 선택압이 필요하다. 일종의 환경 변화나 경쟁 환경이 대표적이다. 인간 사회에 비유하자면 10여 년 전만 해도 인터넷은 휴대폰 요금 폭탄의 주범이었다. 당시 와이파이 기능은 PDA Personal Digital Assistant(개인용 디지털 단말기) 같은 일부 제품에만 탑재했고 대부분의 휴대폰에는 넣지 않았다. 일부 통신사는 와이파이를 수출용 휴대폰에만 탑재하면서 내수용에는 국민들이 DMB Digital Multimedia Broadcasting를 더 선호한다는 말도 안 되는 이유로 배제하기도 했다. 하지만 와이파이가 탑재된 아이폰이 국내에 전격 도입되면서 국산 휴대폰이 경쟁에서 밀리자 이후 출시되는 휴대폰에는 대부분 와이파이가 적용됐다.

출처 | 픽사베이

오랫동안 선택압이 없었던 은행나무는 1억 년 전 모습 그대로 현재에 이르렀다. 공룡이 본 은행나무를 지금 우리도 보고 있는 셈이다.

즉 아이폰이 기존 휴대폰의 진화(변화)의 선택압으로 작용한 셈이다. 만약 진화를 일으킬 만한 선택압이 오랜 시간 동안 없다면 실러캔스나 은행나무처럼 수억 년 전의 모습을 그대로 간직하는 개체가 더 많을 것이다.

과거 사회주의 국가였던 동독의 '트라반트Trabant'라는 자동차가 좋은 예다. 이 차는 최고 속력이 40~60km/h에 불과했다. 내외장재는 섬유 강화 플라스틱으로 만들고, 뒷좌석에는 안전 벨트도 없었다. 전조등이나 방향지시등, 심지어 연료 게이지조차 없는 그야말로 '고물' 자동차였다. 하지만 동독은 폐쇄 경제 체제라 다른 자동차와의 경쟁이 없었다. 그렇다 보니 트라반트는 기능이나 디자인이 거의 변하지 않은 채 1957년부터 독일 통일 직후인 1991년까지 수십 년 동안 무려 370만 대 넘게 생산됐고, 동독인들은 울며 겨자 먹기로 이 자동차를 탈 수밖에 없었다. 이러한 관점에서 보면 인간을 비롯한 여타 포유류(박쥐를 제외한)에서 날개가 진화하지 않은 이유 중 하나는 당시 환경에서 날개가 등장할 만한 선택압이 없었기 때문이다.

2015년 캘리포니아대학교의 고생물학자인 게라트 페르베이 Geerat J. Vermeij 교수는 수많은 진화의 나뭇가지 중 이처럼 등장하기 어려운 형질을 가리켜 '불가능한 표현형'이라고 말했다. 바퀴와 프로펠러뿐 아니라 민물에 사는 산호초나 독으로 사냥하는 새, 목본 줄기를 지닌 이끼(선태류) 등 자연에는 등장하기 어려운 표현형이 있다고 주장했다.

하지만 개인적으로는 우리가 상상하는 게 절대적으로 불가능하다고 말하고 싶지는 않다. 만약 척추동물이 처음으로 육지에 발을 내디딘 3억 9,000만 년 전에 지적 외계 생명체가 지구를 방문해 당시 생명체의 진화를 연구했다면? 과연 지금과 같은 동물의 모습을 상상이나 할 수 있을까?

Chapter 3

오묘하고
신비한
동물 이야기

대왕고래는 어떻게 지구에서 가장 큰 동물이 됐을까?

평균 몸길이 25m(최대 33m), 몸무게 130t(최대 190t)에 달하는 대왕고래는 지구 역사상 가장 거대한 동물이다.

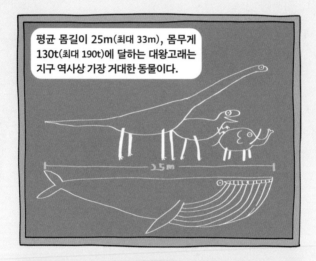

대왕고래는 새끼마저도 갓 태어났을 때 몸길이가 무려 7m, 몸무게는 거의 3t에 달한다. 심지어 하루에 100kg씩 몸무게가 늘어나 생후 7개월이 되면 거의 25t에 이를 정도로 거대해진다.

대왕고래 성체의 신체 기관 역시 어마어마하다. 심장의 크기는 경차에 버금가며, 혈관 굵기는 어린아이가 기어서 통과할 정도로 크다. 음경 길이는 평균 2.4m, 지름이 30cm에 달한다.

그런데 왜 하필 대왕고래가 속한 수염고래류만 이토록 몸집이 커졌을까? 도대체 대왕고래는 어쩌다 지구상에서 가장 거대한 동물로 진화하게 된 걸까?

대왕고래가 커진 이유는 고래수염 때문?

과거 과학자들은 체온을 유지하기 위해 대왕고래 몸집이 커졌다고 생각했다. 그럴 만도 한 게 바다에서는 육지보다 열 손실이 약 25배 빠르게 일어나기 때문에 체온 유지를 위해 몸집이 커지는 편이 유리하다. 그런데 한 가지 문제가 뒤따른다. 몸집이 커지면 그만큼 많이 먹어야 하는데, 역설적이게도 커진 몸은 먹이를 사냥할 때 민첩성이 떨어진다. 그래서 바다 생물들은 커져도 몸무게가 0.5t, 아무리 많이 나가도 50t 정도에 불과하다. 즉 단순히 체온 유지 가설만으로는 대왕고래가 커진 이유를 설명할 수 없다.

그렇다면 이들은 왜 이렇게 커진 걸까? 대왕고래가 커진 비밀은 바로 '고래수염'에서 찾을 수 있다. 수염고래의 위턱에 이빨 대신 자리 잡은 '수염판'은 약 2,500만 년 전에 처음 등장해 지금까지 진화해 온 기관으로, 손톱의 주요 성분인 케라틴으로 이루어져 있다. 대왕고래는 물과 함께 수천만 마리의 크릴을 집어삼킨 후 혀를 팽

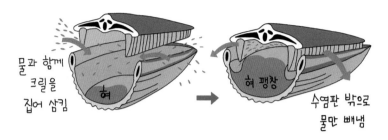

[대왕고래의 먹이 섭취 과정]

물과 함께 크릴을 집어 삼킴

혀

혀 팽창

수염판 밖으로 물만 빼냄

창시켜 물은 수염판 밖으로 빼내고 크릴만 걸러내서 먹는다. 그런데 이런 먹이 섭취 기관이 이들의 덩치가 커진 이유와 무슨 상관이 있을까?

고래 전문가인 국립해양생물자원관의 안용락 센터장(국가해양생명자원전략센터)의 인터뷰를 먼저 살펴 보자.

안용락 센터장과의 인터뷰 ①

해양 생태계를 육상 생태계와 비교해 설명해야 될 것 같아요. 육상 생태계는 주로 나무와 같은 큰 식물이 기초 생산을 합니다. 광합성을 통해 기초 생산을 하면 이를 먹는 초식동물의 덩치가 커지죠. 코끼리나 기린, 사슴 같은 동물들이 크기가 큰데, 이유는 육상식물의 경우 줄기처럼 지지 역할을 하는 기관이 발달해 있습니다. 왜냐하면 중력을 이겨내야 되거든요.

또 식물은 잎도 큐티클로 되어 있어 소화가 잘 안 돼요. 그러다 보니 육상의 초식동물은 하루 종일 먹어도 몸집이 천천히 자라죠. 육상 포식자도 마찬가지입니다. 코끼리 한 마리를 잡아먹어도 그 안에는 두꺼운 가죽과 굵은 뼈 등이 있기 때문에 10t짜리 동물을 사냥하더라도 실제로 먹을 수 있는 양은 절반에 미치지 못해요. 이처럼 육상 생태계는 굉장히 비효율적인 먹이사슬을 갖고 있습니다.

반면 해양 생태계의 경우 1차 생산을 하는 생물의 대부분이 식물 플랑크톤입니다. 식물 플랑크톤을 먹으면 대부분 에너지로 흡수되는 특징이 있죠. 그리고 식물 플랑크톤을 잡아먹는 1차 소비자 역시 동물 플랑크톤이에요. 동물 플랑크톤도 굉장히 얇은 껍데기로 되어 있어 포식자들이 이들을 잡아먹으면 대부분 빨리 소화가 되죠. 즉 해양 생태계는 에너지가 빠르게 전환되는 고효율의 생태계입니다. 이런 상황에서는 하나씩 잡아먹는 것보다 많은 양을 삼킨 후 '걸러서' 먹는 게 훨씬 효율적이죠.

출처 | 픽사베이

출처 | 위키백과

초식 동물인 기린(좌), 해양의 플랑크톤(우). 육상의 초식동물이 하루 종일 많은 양을 먹는 이유는 육상식물이 소화가 잘 되지 않아 에너지 효율이 떨어지기 때문이다. 그에 반해 해양 생태계는 소화·흡수가 잘 되는 플랑크톤 덕분에 에너지 효율이 뛰어나다.

즉 크릴을 걸러주는 수염고래의 수염판은 에너지 효율이 높은 먹잇감(크릴과 플랑크톤)을 한꺼번에 많이 먹는 데 유리했기 때문에 지금까지 그 형질이 이어졌다. 안용락 센터장은 이렇게 고효율의 에너지원을 다량으로 섭취하는 행위 자체가 몸집이 커지는 조건이 될 수 있다고 설명했다.

또한 그는 수염고래와 달리 돌고래와 같은 이빨고래류의 몸집이 작은 이유는 자신의 입 크기에 맞는 먹이를 한 마리씩 잡아먹는 생태적 특성 때문이라고 말했다.

실제로 2011년, 캘리포니아대학교 스크립스 해양연구소의 제레미 골드보겐Jeremy Goldbogen 박사는 대왕고래가 한 번 사냥할 때 약 700~2,000kcal를 소모하지만, 수염판을 활용한 '여과 섭식(여과식자)' 덕분에 한 번에 섭취하는 크릴의 양이 엄청나 소모 에너지의 수십 배에 달하는 8,300~460,000kcal의 에너지를 얻는다는 사실을 알아냈다. 이는 빅맥버거 790개를 한 번에 먹는 셈이다. 그는

이빨고래인 돌고래(좌)는 자신의 입 크기에 맞는 먹이를 한 마리씩 잡아먹고, 수염고래인 혹등고래(우)는 한꺼번에 많은 먹잇감을 먹는다. 그로 인해 몸집의 차이가 생겼다.

이런 고효율의 여과 섭식이 대왕고래가 극단적으로 몸집이 커질 수 있었던 이유라고 설명했다. 그리고 이 가설은 많은 과학자들의 지지를 받는 듯했다.

빙하기가 불러온 대왕고래의 큰 몸집

그러던 2017년 시카고대학교 지구물리학과의 고생물학자 그레이엄 슬레이터Graham Slater 교수는 뜻밖의 가설을 들고나온다. 그는 현존하는 수염고래 13종과 멸종한 수염고래 63종의 크기를 분석한 결과 아래와 같은 그래프를 도출했다. 세로축은 시간, 가로축은 수염고래류의 몸길이로, 시간에 따른 이들의 크기 변화를 보여준다.

그래프에서 보다시피 약 3,000만 년 전 고래류에서 수염판이

[시간에 따른 수염고래류의 몸길이 변화 그래프]

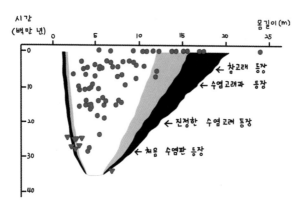

처음 등장했다. 이빨이 수염판으로 완전히 대체된 진정한 수염고래(수염고래아목)가 등장한 시기는 2,000만 년 전이다. 이때도 이들의 몸길이는 5~10m에 불과했다. 더욱 놀라운 사실은 약 300만 년 전까지만 해도 수염고래들은 커봤자 12m 정도였다. 즉 수염판이 등장한 후에도 수천만 년 동안 수염고래의 크기는 지금보다 한참 작았다. 그런데 신기하게도 약 300만 년 전부터 수염고래의 크기가 급속도로 증가하는 경향을 보인다. 도대체 무슨 일이 있었던 걸까?

슬레이터 교수는 그 원인으로 빙하기를 꼽았다. 300만 년 전부터 시작된 빙하기로 인해 북반구에서는 빙하가 미국 북부까지 확장됐다가 축소되는 현상이 반복적으로 일어났다. 이 때문에 줄곧 따뜻했던 기후가 계절마다 차이가 심한 계절적 기후로 변하기 시작했다. 그리고 이는 식물 플랑크톤의 증가를 불러왔다. 왜냐하면 육지까지 확장된 빙하가 녹으면서 육지에 있던 다량의 무기염류가 바다로 흘러 들어왔기 때문이다.

또 바닷물이 얼 경우 물만 얼고 그 안에 있던 무기염류는 바다로 빠져나온다. 여기에 당시 계절적 기후가 일으킨 용승작용(바람 때문에 표층에 있는 더운물 덩어리가 먼바다로 밀려가면서 아래층에 있는 차가운 물이 표면으로 올라오는 현상)이 더해져 해저에 있던 다량의 무기염류가 다시 바다 표층으로 올라오는 일이 벌어졌다. 그 결과 이를 양분으로 삼는 식물 플랑크톤의 수가 급격하게 늘었다. 이 영향으로 이들을 잡아먹는 동물성 플랑크톤과 크릴(동물성 플랑크톤을 먹음)의 개체수가 폭발적으로 늘어났다. 즉 당시 고위도 지역에 고래의 먹잇감이 엄청나게 풍부해진 것이다.

반대로 수염고래의 서식지였던 일부 중 저위도 지역에서는 용승작용이 덜 일어나는 상황이 벌어졌다. 특히 약 300만 년 전 파나마 해협이 육지로 연결됐던 곳의 해역은 플랑크톤의 개체수가 급격히 줄었다. 도대체 왜 이런 현상이 발생했을까?

안용락 센터장과의 인터뷰 ②

파나마 운하 같은 곳이 뚫려 있다가 막히면 '병목현상(병의 목 부분처럼 넓은 길이 갑자기 좁아짐으로써 일어나는 정체 현상)'이 일어나요. 이 운하는 좁은 데서 대서양과 태평양을 이어주는 부분인데 굉장히 유속이 빨라요. 유속이 빠르다는 건 그만큼 물을 많이 밀어내기 때문에 빈 공간을 채우기 위해 용승작용이 일어나곤 하죠. 그런데 그게 막히면 결국은 양쪽으로 갈라지면서 흐름이 바뀌고, 속도도 바뀝니다. 용승작용도 다르게 발달해 (용승작용이 덜 일어남) 플랑크톤이 충분히 발생할 수 있는 조건을 갖추지 못합니다.

그리고 플랑크톤은 스스로 헤엄을 못 치기 때문에 물 위에 계속 떠 있어야 해요. 물살이 세면 셀수록 부력을 쉽게 받아 표층에 계속 떠 있기 용이합니다. 하지만 파나마 해협이 막혀 물살이 정지되면 부력이 약해져 서서히 가라앉게 되죠. 그러면 플랑크톤이 살기 어려워집니다.

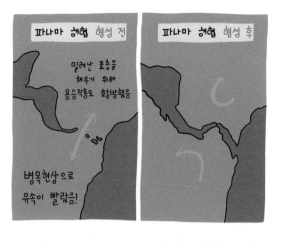

[파나마 운하가 막히기 전과 후 상황 비교]

파나마 해협 형성 전

밀려난 표층을
채우기 위해
용승작용도 활발했음

병목현상으로
유속이 빨랐음!

파나마 해협 형성 후

이렇듯 기존 고래 서식지에서 용승작용이 덜 일어나면서 수염고래의 먹잇감이 부족해졌다. 즉 수염고래에게 플랑크톤이 많은 곳으로 이동해야 하는 선택압이 작용하기 시작했다. 결국 상황은 몸에 많은 지방을 저장해 장거리를 헤엄쳐 이동할 수 있는 몸집이 큰 고래들에게 유리하게 변했다. 그리고 이미 이들은 수염판을 이용한 여과 섭식을 통해 몸집을 키울 수 있는 조건을 갖추고 있었다. 이를 통해 다른 동물군보다 더 빠른 속도로 몸집이 커질 수 있었고, 그 결과 지금의 대왕고래가 등장하게 된 것이다.

미국 샌디에이고주립대학교의 명예 교수이자 고생물학자인 안날리사 베르타Annalisa Berta 박사는 《아틀란틱The Atlantic》이란 잡지에서 "이 가설은 꽤 설득력이 있으며, 미래에 대한 흥미로운 추측으로 이어진다."고 밝혔다. 그는 현재 지구의 바다는 온난화가 불러온 산성화와 산소 농도의 감소로 플랑크톤의 개체수가 줄고 있고, 어쩌면 이는 먼 훗날 고래의 신체 크기가 작아지는 선택압으로 작용할지도 모른다고 말했다.

여울가를 어슬렁거리던 작은 네 발 달린 짐승에서 비롯된 고래는 5,000만 년이란 시간 동안 지구 역사상 가장 큰 동물로 진화했다. 이렇듯 고래는 가장 소설 같은 사실을 간직한 생물이기에 더 경이롭게 느껴지는 게 아닐까?

출처 | 픽사베이

현재 바다에는 크기가 큰 고래에게 불리한 상황이 펼쳐지고 있다. 어쩌면 먼 훗날 우리의 후손들은 크기가 작아지는 선택압을 받은 고래와 마주할지도 모르겠다.

귀상어의 머리는 왜 이토록 기묘하게 생겼을까?

상어 중 기묘하게 생긴 종으로 귀상어를 빼놓을 수 없다. 삽자루 처럼 생긴 거대한 머리가 특징인 귀상어는 어쩌다 넓고 큰 머리를 지니게 됐을까? 그 미스터리 속으로 들어가보자.

귀상어의 큰 머리는 부력을 받기 위해서다?

약 4억 5,000만 년 전 지구에 처음 등장한 상어류, 그중에는 꽤 독특하게 생긴 종이 많았다. 우리에게 익숙한 모습의 상어는 약 3억 7,000만 년 전 데본기Devonian Period 후기에 등장했다. 그런데 알다시피 지금도 마귀상어, 톱상어, 그린란드상어 등 여전히 독특한 생김새를 자랑하는 상어들이 많다. 그중에서도 특이한 생김새를 자랑하는 귀상어를 빼놓을 수 없다. 영어로 'Hammerhead Shark', 일명 '망치머리 상어'로 불린다. 이 녀석의 아이덴티티는 뭐니 뭐니 해도 삽자루처럼 생긴 거대한 머리다. 전 세계에 9종의 귀상어가 살고 있는데, 머리 길이가 몸길이의 절반에 달하는 녀석(날개머리 상어)도 있다. 그만큼 이들의 머리 모양과 크기는 가히 독보적이다.

그런데 가만히 생각해보면 귀상어의 머리는 정말 의문투성이다. 대부분의 상어와 물고기들은 물의 저항을 덜 받도록 앞이 둥글거나 뾰족한 머리를 지녔다. 반면 귀상어의 넓고 큰 머리는 물의 저

[일반 상어의 유선형 머리 vs 귀상어의 넙적한 머리]

항을 있는 그대로 다 받아내는 모양이다. 유체역학적 측면에서 전혀 이점이 없어 보인다.

이를 설명하기 위해 진화생물학자들은 특이한 가설을 제시했다. 그중 대표적인 가설이 바로 '부력 가설'이다. 연골어류인 상어는 부레가 없기 때문에 쉴 새 없이 지느러미를 움직여야 물에 떠 있을 수 있다. 그런데 귀상어의 넓고 평편한 머리는 마치 비행기의 날개가 양력(유체의 흐름 방향에 대해 수직으로 작용하는 힘)을 받는 것처럼 물에 잘 뜰 수 있도록 일종의 부력을 제공한다는 주장이다. 즉 이들의 머리 모양이 물의 저항 때문에 앞으로 나아가는 데 취약할 수 있으나 물에 떠 있기 위해 헤엄치는 데 소모되는 에너지를 줄여주는 이점이 있다는 가설이다.

귀상어 머리의 이점은 바로 추진력

그러나 2020년 9월,《사이언티픽 리포트Scientific Reports》에 이를 반박하는 신박한 가설 하나가 실린다. 귀상어의 머리는 부력과 큰 상관이 없고, 오히려 빠른 속도로 헤엄치는 데 도움을 준다는 내용이다. 논문 저자인 글렌 파슨Glenn R. Parsons은 귀상어 8종과 일반 상어 3종의 머리를 모형으로 제작해 유체역학적 분석에 나섰다. 그 결과 재미있는 사실을 발견했다. 고개를 위나 아래로 움직여 방향을 전환하며 나아갈 때 같은 추진력을 내더라도 귀상어가 일반 상어보다 속도가 훨씬 빨랐다. 즉 귀상어의 큰 머리는 부력보다 먹이 사냥을 위해 방향을 전환할 때 일종의 추진력을 제공한다는 뜻이다.

특히 연구진은 귀상어 중에서도 날개머리 상어처럼 머리가 넓

고 클수록 방향 전환 시 속도가 더 빠르기 때문에 민첩한 먹잇감을 사냥하는 데 유리하다고 주장했다. 실제로 귀상어 중 머리가 비교적 작은 녀석들은 주로 게나 가오리처럼 속도가 느린(14km/h) 먹잇감을 노린다. 반면 가장 큰 머리를 자랑하는 날개머리 상어는 주로 오징어나 청어처럼 민첩한 먹잇감을 잡아먹는다. 즉 이들은 빠른 속도를 십분 활용해 남들이 노리지 않는 먹잇감을 찾는 방식으로 먹이 경쟁의 빈틈을 공략한 셈이다.

귀상어 눈의 미스터리

그런데 사실 귀상어는 머리 모양만 이상한 게 아니다. 진짜 특이한 건 녀석의 눈 위치다. 일반적인 육식동물(육상)은 먹잇감을 정확히 포착하기 위해 양쪽 눈이 얼굴 앞쪽에 있다. 덕분에 사물의 위치를 정확히 가늠할 수 있는, 일명 '양안시'의 범위가 넓다. 사람의 경

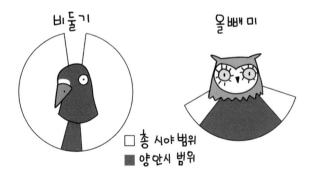

우 총 190°의 시야 중 약 120° 범위의 양안시를 지니고 있으며, 개는 60°, 고양이는 140°, 올빼미는 약 70°다. 반면 매 순간 천적을 감시해야 하는 초식동물은 넓은 영역을 봐야 하기 때문에 양쪽 눈이 머리 옆에 달려 있다. 이 때문에 총 시야의 범위는 넓지만 양안시의 범위는 육식동물보다 확연하게 좁다.

그런데 귀상어는 육식성 어류임에도 불구하고 긴 머리 양극단에 눈이 달렸다. 그래서 다른 상어류와 달리 양안시가 거의 없다. 이런 눈의 위치는 먹이 사냥에 매우 비효율적일 것 같은데, 도대체 이를 어떻게 설명할 수 있을까?

2009년 플로리다애틀랜틱대학교의 마키 맥콤Mikki McComb 박사는 귀상어에 양안시가 없을 거라는 생각은 큰 착각이라고 주장했다. 그는 오히려 귀상어의 양안시가 다른 일반적인 상어보다 더 뛰어나다고 말한다. 맥콤 박사는 일반 상어인 레몬상어와 검은코상어, 그리고 귀상어에 속하는 보닛헤드귀상어, 홍살귀상어, 날개머리상어의 시야를 직접 측정해 양안시를 비교하는 실험을 진행했다. 위아래 수직 방향을 감지하는 시각 범위는 이들 모두 큰 차이가 없었지만, 수평 시각에서 큰 차이를 보였다. 레몬상어와 검은코상어 같은 일반 상어는 시야 범위 중 10~11°의 양안시를 지닌 반면 귀상어인 보닛헤드귀상어는 13°, 홍살귀상어는 약 32°, 머리가 가장 긴 날개머리상어는 무려 48°에 달하는 양안시를 지녔다. 일반 상어의 4배가 넘는 수치다. 또 머리를 움직일 때 양안시가 더 확장되는 현상도 관찰됐다.

출처 | 픽사베이

귀상어의 눈은 머리 양 끝에 붙어 있어 수평 시야가 넓다. 언뜻 보기엔 생존에 불리해 보이지만, 실제로는 생존에 유리한 위치인 셈이다.

맥콤 박사는 이 실험적 증거를 바탕으로 귀상어의 시각은 상어류 중에서 가장 효율적이라고 주장했다. 즉 이들의 넓적하고 긴 머리와 양 끝에 달린 눈은 생존에 분명한 이점이 있다는 의미다.

로렌치니 기관이 발달한 귀상어

귀상어의 머리 모양은 또 한 가지 이점을 제공한다. 바로 '로렌치니 기관Lorenzini's Ampullae'이다. 상어 머리에 가장 많이 분포한 기관으로, 작은 구멍 안에 전류를 감지하는 세포들이 들어 있다. 이 세포들은 수중생물이 헤엄칠 때 근육 등에서 발생하는 미세 전류를 감지함으로써 먹잇감의 위치를 파악하는 역할을 한다. 특히 귀상어의 머리는 넓적한 덕분에 다른 상어보다 더 많은 로렌치니 기관이 분

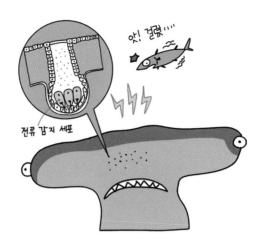

전류 감지 세포

앗! 컬렸……

포한다. 이는 사냥감 탐색 과정에서 효율성을 극대화한다.

덕분에 귀상어는 모래 속에 숨은 가오리의 심장 박동 전류를 감지할 수 있을 뿐 아니라 0.000000001V(볼트) 미만의 전류까지 느낄 수 있다. 더 쉽게 설명하면 이렇다. 약 1,600km 떨어진 부산 앞바다와 대만 앞바다에 AA 건전지 하나씩을 놓고 전선으로 연결한 뒤 전류를 흘려보낸다고 가정했을 때 귀상어는 이 전선에 흐르는 미세한 전류를 감지할 수 있다.

머리가 작아지는 쪽으로 진화했다?

그런데 귀상어에게는 정말 미스터리한 사실이 하나 더 있다. 바로 진화 경로다. 얼핏 생각하면 귀상어의 머리는 점차 넓어지는 쪽으로 진화했을 것 같다. 하지만 2010년 유전학자 앤드류 마틴Andrew Martin 박사는 이와 정반대의 가설을 들고나왔다.

그는 귀상어 8종의 미토콘드리아 DNA를 분석했는데, 그 결과 귀상어 계통에서 가장 오래된 종은 뜻밖에도 머리가 가장 넓은 날개머리상어이고, 시간이 지날수록 점차 머리가 작아지는 형태로 진화를 거듭했다는 사실이 밝혀졌다. 그는 아마 이들이 큰 머리를 유지하는 데 드는 비용(에너지)을 줄이고, 대신 생식 가능 연령에 더 빠르게 도달하기 위해 성장에 비용을 투자하면서 머리가 작아지는 선택압을 받았을 거라고 추측했다. 물론 아직 정설로 인정받지 못해 추가 연구가 필요하다.

수억 년에 걸친 상어의 기나긴 역사에서 불과 2,000만 년 전에 등장해 이제 막 진화의 가지를 뻗고 있는 귀상어. 사실 지금도 바다 곳곳에선 빛을 발광하는 상어부터 지느러미로 바닥을 기어다니는 상어 등 독특한 진화의 경로를 밟고 있는 상어들이 발견된다. 과연 먼 미래에는 또 어떤 특이한 모습의 상어가 등장할까?

Chapter 3. 오묘하고 신비한 동물 이야기

옛날 옛적엔
뱀도 다리가 있었다고?

뱀은 어디에서 기원했고, 다리는 왜 사라졌을까? 또 코브라는 왜 맹독을 멀리 내뱉게 진화했을까? 뱀에 대해 살펴보자.

뱀의 육상 기원론 vs 해양 기원론

때는 1896년. 고생물학자 에드워드 코프Edward Drinker Cope는 모사사우루스Mosasaurus의 화석을 보고 막연히 이런 생각을 했다. '모사사우루스가 뱀의 조상일까?' 그는 모사사우루스 중 일부가 물의 저항을 덜 받기 위해 지느러미가 퇴화했고, 또 그중 일부가 수중 환경을 벗어나 육상에 적응하면서 지금의 뱀이 됐다고 생각했다. 즉 뱀이 해양에서 기원했다는 주장이다.

[모사사우르스 화석]

[뱀의 육상 기원론 속 다리 진화 과정]

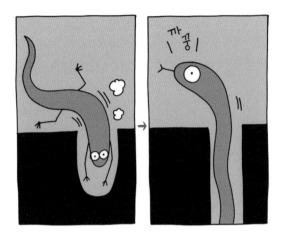

하지만 동료 과학자들의 반응은 냉담했다. 왜냐하면 당시 학계에서는 육지에 살던 도마뱀이 땅속에 굴을 파는 생활에 적응하면서 다리가 퇴화됐고, 그 결과 지금의 뱀이 됐다는 의견이 주를 이뤘기 때문이다.

다리 없이 가느다란 몸만 있으면 보다 작은 굴을 파서 숨을 수 있고, 이는 사냥이나 천적 회피에 더 유리하다는 것이 기존 가설이다. 또 눈꺼풀이 있어 눈을 감을 수 있는 도마뱀과 달리 뱀의 눈은 '브릴Brille'이란 투명한 비늘로 덮여 있을 뿐 눈꺼풀이 없어 눈을 깜박일 수 없다. 게다가 도마뱀과 달리 귓구멍도 없다. 당시 고생물학자들은 뱀의 이런 특성 역시 굴을 팔 때 눈과 귀에 먼지나 흙이 들어가는 것을 막기 위해 진화한 적응 형질이라고 생각했다. 이는 육지 도마뱀 중 일부가 땅굴을 파는 생활에 적응하면서 뱀으로 진화

눈꺼풀 없이 투명한 비닐로 덮여 있는 뱀의 눈을 두고 육상 기원론 과학자들과 해양 기원론 과학자들은 서로 다른 주장을 펼쳤다.

했다는 육상 기원론을 뒷받침하는 증거가 됐다.

그러나 재미있게도 같은 증거를 가지고 반대 주장을 펼치는 과학자들도 있었다. 뱀의 눈을 덮은 투명한 비늘은 바닷속에서 삼투압으로 인한 각막의 수분 손실을 막기 위해 진화한 형질이며, 귓구멍 역시 수중 환경에선 그다지 필요가 없어 퇴화됐다는 주장이다. 이렇듯 뱀의 기원지가 바다인지 육지인지를 두고 100년 가까이 논쟁이 이어졌다.

다시 불붙은 뱀의 기원론 대결

그러던 1979년 팔레스타인 아인 야브루드의 한 지층에서 뱀의 해

[파키라키스프러블레마티쿠스가 물고기를 먹는 장면]

양 기원론을 뒷받침하는 화석 하나가 발견된다. 바로 '파키라키스프러블레마티쿠스Pachyrhachis Problematicus'다. 당시 이 화석을 발견한 조지 하스George Haas 박사는 이것이 뱀인지 도마뱀인지 명확히 결론 내지 못했다. 하지만 약 18년이 지난 후 캐나다 고생물학자 마이클 캘드웰Michael Caldwell은 파키라키스프러블레마티쿠스가 약 9,500만 년 전에 살았던 가장 오래된 뱀의 조상이라고 주장했다. 이 화석을 자세히 분석한 결과 뱀과 공통점이 더 많다고 판단했기 때문이다. 그리고 결정적인 건 이 화석이 발견된 지층이 '해양 석회 암층'이라는 사실이다. 이를 토대로 그는 뱀의 해양 기원론을 지지했다.

그러나 이 주장 역시 그리 오래가지 못했다. 2006년 아르헨티나에서 파키라키스프러블레마티쿠스와 비슷한 시기에 살았던 '나

자쉬Najash'라는 다리 달린 뱀의 조상 화석이 발견됐는데, 분석 결과 이들은 건조한 지대에 살았던 육상 뱀으로 밝혀졌다. 이 발견은 고생물학자들을 더 혼란에 빠뜨렸다. 비슷한 시기에 해양과 육상 모두에서 뱀의 조상 화석이 발견됐기 때문이다. 뱀의 기원지가 해양인지 육상인지 더 애매해진 것이다. 같은 맥락으로 뱀의 다리가 사라진 이유 역시 물의 저항을 덜 받기 위해서인지(해양 기원), 땅굴에 더 잘 숨기 위해서인지(육상 기원)도 제대로 밝혀지지 않았다.

육상 기원론의 판정승

그러던 2015년 《네이처 커뮤니케이션즈Nature Communications》에 뱀의 기원에 대한 종지부를 찍을 만한 논문 하나가 발표된다. 9,500만

년 전에 살았던 나자쉬나 파키라키스프러블레마티쿠스보다 더 오래된 뱀의 조상이 있다는 내용이었다. 1억 5,700만 년 전에 살았던 다리 달린 뱀, 포르투갈로피스 리그니테스Portugalophislignites를 비롯해 1억 4,000만 년 전 건조한 육지에 살았던 디아블로피스 길모레이Diablophisgilmorei, 또 1억 6,700만 년 전 늪지대에 살았던 에오피스 언더우디Eophisunderwoodi 등 이 논문엔 뱀의 기원이 무려 쥐라기까지 거슬러 올라간다는 주장이 담겨 있다. 그리고 무엇보다 이 뱀 화석들의 발견지가 대부분 육지이거나 늪지대 퇴적층이었다. 고생물학자들은 이 사실을 토대로 뱀이 육지에서 기원했다는 육상 기원론을 지지하기 시작했다.

이후 2년 뒤 뱀의 육상 기원론을 뒷받침하는 또 다른 증거가 발견된다. 영국 배스대학교의 캐서린Catherine G. Klein 박사는 약 9,000만 년 전에 살았던 뱀의 조상인 '디닐리시아 파타고니카Dinilysiapatagonica'의 두개골을 CT 촬영해 분석한 결과, 이들 내이의 구조가 현존하는 땅에 굴을 파는 뱀과 비슷하다는 사실을 밝혀냈다. 캐서린 박사는 디닐리시아 파타고니카가 백악기의 땅굴 뱀이며, 이는 뱀의 다리가 수중 환경이 아닌 땅속 생활에 적응하는 과정에서 사라졌음을 보여주는 증거라고 주장했다. 이렇듯 최근 들어 많은 연구에선 뱀의 기원지가 '육지'임을 가리키고 있다.

하지만 여전히 반론도 만만치 않다. 땅에 굴을 파는 동물 중 상당수는 사지가 퇴화하지 않기 때문에 뱀의 다리가 사라진 이유를 땅굴 생활의 적응으로 볼 수 없다는 주장이 있다. 또 유전자 분석

Chapter 3. 오묘하고 신비한 동물 이야기

결과 뱀의 가장 가까운 친척은 코모도왕도마뱀으로 밝혀졌는데(정확히는 왕도마뱀속), 아이러니하게도 이들은 해양 파충류인 모사사우루스와 가깝다. 이 때문에 뱀이 바다에 살았던 모사사우루스로부터 기원했다고 생각할 수 있는 여지가 남아 있다.

코브라가 독침을 뱉게 된 진짜 이유

이렇듯 뱀의 진화에 대한 주제는 무척 흥미로운 질문으로 가득하다. 그중 또 다른 하나는 바로 '코브라의 독'이다. 뱀목에 속하는 코브라는 맹독을 지닌 것으로 유명하다. 신기한 사실은 이들 중 상당수가 독침을 2~3m까지 퉤~ 하고 뱉는 기술을 보유한, 일명 '스피

출처 | 픽사베이

코브라는 먹잇감을 마비시키는 일반 독사와 달리 스스로를 방어하기 위해 멀리에서 독침을 발사한다. 이는 서식지가 달라도 코브라에게 공통적으로 나타나는 특징이다.

팅Spitting코브라'다. 이 기술은 사냥보다 자신을 보호하기 위한 방어용으로, 적을 향해 내뱉는다는 점에서 사냥감을 마비시키기 위해 독을 사용하는 다른 독사들의 공격용 독과는 그 쓰임새가 다르다. 그런데 이상하지 않은가? 왜 이들은 굳이 독을 멀리까지 뱉도록 진화했을까?

그 답은 놀랍게도 인류와 관련이 있다. 2021년 리버풀 의과대학에서 독을 연구하는 탈린칸잔디안Taline Kazandjian 박사는 아프리카와 아시아에 서식하는 코브라 중 침을 뱉는 코브라들을 분석했다. 그 결과 재미있게도 이들은 진화한 시기와 장소가 각기 다름에도 불구하고 모두 눈에 치명적인 해를 입히는 독소인 PLA2(포스폴리페이스A2)를 지니고 있었다. 물론 멀리까지 침을 뱉을 수도 있다. 이게 무엇을 의미하는 걸까?

이는 수렴진화(계통적으로 관련이 없는 다른 종이 비슷한 환경에 적응하기 위해 진화하여 결과적으로 외형이나 생활사 등이 비슷해지는 현상)의 예로 설명할 수 있다. 지역적으로 다른 곳에서 다른 진화 과정을 거쳤음에도 불구하고 동일한 독을 갖고 있으며, 이 독을 뱉는 행동을 한다는 건 이런 방어 기작을 유발한 '공통된 환경'이 있음을 뜻한다. 마치 고래와 물고기가 서로 다른 종이지만 '물'이란 공통된 환경 때문에 지느러미를 지니게 된 것처럼 말이다. 그리고 연구진들은 침 뱉는 코브라를 유발한 공통 환경으로 '인류'를 지목했다. 분석 결과 아프리카의 침 뱉는 코브라는 약 670만 년 전 처음 등장했는데, 이는 초기 인류가 침팬지와 보노보에서 갈라져 나온 시기와 비

숫하다. 또 아시아의 침 뱉는 코브라는 250만 년 전에 처음 등장했는데, 이는 호모속Homo Genus이 아시아로 건너간 시기와 비슷하다.

이 연구를 이끈 니콜라스 케이스웰Nicholas Casewell 박사는 초기 인류 집단은 강력한 천적인 뱀을 경계했다는 사실에 주목했다. 인류는 원거리에서 돌 같은 물건을 던져 뱀을 공격했고, 코브라는 이 과정에서 방어하기 위해 인간의 눈을 향해 독침을 뱉는 행동을 하는 방향으로 진화했을 가능성이 높다고 언급했다. 장난스러운 주장 같지만 이 연구는 2021년 1월《사이언스》의 표지를 장식할 정도로 큰 주목을 받았다.

뱀과 코브라 독에 얽힌 진화 이야기는 여기서 마무리하지만, 아직도 자연계에는 우리가 몰랐던 그리고 우리를 설레게 하는 이야깃거리가 가득하다. 이런 사실이 새삼 놀랍지 않은가?

오리너구리는 멸종하지 않고 어떻게 살아남았을까?

오리너구리는 실존 동물이었다!

영국 해군 장교 존 헌터, 사기꾼 오명 벗어

때는 1798년. 영국의 해군 장교였던 존 헌터는 호주 동부 해안가에서 기이한 생물을 보게 된다. 이 동물의 정체가 궁금했던 그는 동물의 생김새를 묘사한 그림과 털가죽을 영국으로 보냈다. 하지만 이를 본 영국 과학자들은 존 헌터를 사기꾼으로 치부했다. 비버의 꼬리와 몸통에 오리주둥이를 붙여 놓은 듯한 생김새의 동물은 본 적도, 들은 적도 없었기 때문이다.

존 헌터의 오명은 19세기 탐험가들이 호주 동부 강가에서 헤엄치는 오리너구리를 목격하면서 사라졌다.

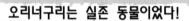

오리너구리는 실존 동물이었다!

3~4개월 동안 젖을 먹여 키우는 오리너구리는 포유류?

항온성이니까 당연히 포유류!

주둥이는 오리 모양에 알을 낳으니까 조류?

저의 정체는…
'알을 낳는 포유류'입니다.
일명 '단공류'라고 하죠.

현존하는 단공류는 오리너구리 1종과 가시두더지 4종이 전부다.
도대체 오리너구리의 알을 낳는 습성은 언제 어떻게 진화했을
까? 그리고 어떻게 멸종하지 않고 지금까지 살아남았을까?

오리너구리의 기원

오리너구리의 기원은 꽤 오래전으로 거슬러 올라간다. 약 3억 4,000만 년 전 물에서 육지로 진출한 고대 양서류 중 일부(예를 들면 아르카이오티리스)가 알이 건조해지는 것을 막기 위해 '양막'이라는 껍질로 둘러싸인 알을 낳기 시작했다. 이들은 페름기 이후 두 갈래

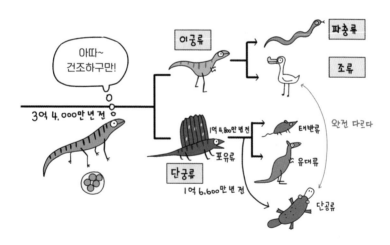

의 길을 걷게 된다. 한쪽은 이궁류인 파충류와 조류(석형류)로, 다른 한쪽은 단궁류로 분화했다. 이 단궁류에서 1억 4,800만 년 전쯤 현재 포유류가 갈라져 나온다. 이들은 알을 낳는 대신 암컷의 자궁(태반류)이나 주머니(유대류) 안에서 새끼를 키우는 방식을 택한다.

그러나 언제나 예외가 있듯 다른 길을 택한 포유류도 있다. 이들이 바로 포유류의 진화 가지에서 약 1억 6,600만 년 전 분기한 '단공류'다. 그러니까 계통도를 보면 포유류에 속한 오리너구리와 조류인 오리는 전혀 다른 계통이다.

오리너구리는 파충류나 조류와 어떤 관련이 있을까?

하지만 알을 낳는 습성만큼은 여전해 단공류는 조류나 파충류와 관련 유전자를 공유하고 있다. 지난 2020년 코펜하겐대학교의 구지 장Guojie Zhang 박사는 오리너구리가 알의 노른자를 만드는 데 필요한 '비텔로제닌Vitellogenin'이란 유전자를 지녔다고 밝혔다. 새와 뱀도 똑같은 유전자가 있다. 하지만 다른 포유류는 이 유전자를 전혀 갖고 있지 않다. 여기서 또 재미있는 사실이 있다. 오리너구리는 노른자를 만드는 유전자가 새나 파충류보다 적어 알이 형성될 때 노른자가 소량만 만들어지기 때문에 알 속에서 새끼가 먹을 영양분도 적다. 이는 오리너구리가 갓 부화한 새끼에게 젖을 먹일 수밖에 없는 이유이기도 하다.

한 가지 또 특이한 점은 바로 오리너구리의 뒷발 박차에서 나오는 강력한 신경독이다. 대부분의 포유류가 진화 과정에서 이빨과 발톱을 사용하게 되면서 독을 잃어버리는 현상과 대조적이다. 그렇다면 오리너구리의 독은 어떻게 진화한 걸까?

2010년 시드니대학교의 카밀라 휘팅턴Camilla M. Whittington 연구원은 오리너구리의 독 성분과 이와 연관된 유전자가 파충류와 꽤 겹친다는 사실을 발견했다. 이를 통해 오리너구리의 독 역시 과거 파충류의 조상으로부터 물려받은 형질이라고 주장했다. 즉 이들의 독에도 오랜 진화의 역사가 스며있었던 것이다.

오리너구리의 강력한 라이벌 등장

이렇게 원시적인 특징이 많은 동물이라면 도태되어 멸종됐을 것 같은데, 어떻게 여전히 잘 살아가고 있는 걸까? 이 질문에 대한 답을 찾으려면 시계를 백악기로 돌려야 한다.

지금은 단공류가 5종에 불과하지만, 백악기 전기만 하더라도 남미와 호주 등지에 오리너구리의 조상 종이 널리 분포했다. 특히 호주 대륙에는 현재 오리너구리와 비슷한 크기의 스테로포돈Stero-podon이라는 가장 오래된 단공류가 서식했다.

비슷한 시기 호주 대륙의 강가에는 몸길이 5m에 머리 너비가 1m에 달하는 '쿨라수쿠스Koolasuchus' 같은 거대 양서류도 살았다. 작은 공룡을 잡아먹고 살았던 이들은 어쩌면 단공류에게 공포의 대상이었을지 모른다.

이후 백악기가 대멸종으로 막을 내리고 신생대에 접어들면서 4,800만 년 전쯤 오리너구리의 조상 중 일부가 현재의 가시두더지로 분화했다. 또 오브두로돈Obdurodon처럼 지금의 오리너구리보다 2.5배나 큰 오리너구리를 비롯해 몸길이 1m의 멧돼지만 한 가시두더지도 등장했다. 이처럼 여러 단공류들은 저마다 생태적 틈새를 채워나갔다.

그러나 이들의 강력한 경쟁자가 등장했으니, 바로 '유대류'다. 2009년 진화생물학자 매튜 필립스Matthew Phillips는 단공류의 생존에 대한 재미있는 가설을 제시했다. 약 7,000만 년 전 남아메리카 대륙

출처 | 픽사베이

뒤늦게 호주 대륙으로 이동한 유대류는 단공류의 강력한 라이벌이 되었다. 이들은 날쌘 움직임과 주머니에서 새끼를 기르는 특징으로 단공류보다 육상 생존에 유리했다.

에 서식하던 큰귀주머니쥐 같은 유대류의 조상이 남극 대륙을 통해 호주로 건너와 다양한 종으로 분화를 거듭했다. 이들은 많은 육상 서식지를 점령해 나갔고 단공류는 이들과의 경쟁에서 밀려 상당수가 멸종의 길로 접어들었다는 주장이다. 그는 유대류가 단공류보다 빨라 서식지를 확장하기 쉬웠고, 새끼를 주머니에서 키우는 덕분에 번식 측면에서 단공류보다 유리했을 거라고 설명했다.

오리너구리의 생존 비결은 수중 적응

하지만 일부 오리너구리는 유대류와의 경쟁에서 살아남았다. 그 비결은 바로 '수중 환경의 적응'이었다. 주머니에서 새끼를 키우는 유대류는 물속에 들어가면 새끼가 죽을 수 있기 때문에 수중 생활은 엄두도 내지 못했다. 반면 알로 번식하는 오리너구리에게 수중 생활은 그다지 어려운 일이 아니었다. 현재 오리너구리는 반수생 생물이지만, 사실 이들의 몸은 육지보다 수중 환경에 더 적합하다. 매튜 박사는 가시두더지도 현재 육상에 적응했지만, 약 4,800만 년 전 등장한 이들의 조상은 아마도 오리너구리처럼 물에서 살았을 거라고 추정했다. 유대류와의 경쟁에서 살아남기 위해서 말이다.

오리너구리가 얼마나 수중 환경에 잘 적응했는지는 신체 기관을 보면 바로 답이 나온다. 먼저 꼬리와 물갈퀴는 말할 것도 없고, 가장 큰 특징은 뭐니 뭐니 해도 '부리'다. 녀석의 부리는 부드럽고 말랑말랑해서 전체가 뼈로 이루어진 새의 부리와 확연히 다르다. 무엇보다 기가 막힌 먹이 탐지 기관이라는 데 차이가 있다.

오리너구리는 사냥을 위해 잠수할 때 눈을 감기 때문에 아무것

도 볼 수 없지만, 부리에 있는 2개의 감각 기관 덕분에 먹잇감을 손쉽게 찾을 수 있다. 바로 기계 수용체Mechanoreceptor와 전기 수용체Electroreceptor다. 기계 수용체는 압력을 느끼는 수용기로, 20cm 정도의 근거리에서 먹이가 움직일 때 물을 통해 전달되는 미세한 진동을 느낄 수 있다. 물론 이 수용체는 여타 포유류의 피부에도 많이 있기 때문에 오리너구리만의 특징이라고 보긴 어렵다. 하지만 전기 수용체는 다르다. 오리너구리 부리에는 수많은 감각선이 있다. 이 감각선에 약 7만 개의 작은 구멍이 나 있고, 여기에 분포한 전기 수용체 세포들은 마치 상어의 로렌치니 기관처럼 먹잇감으로부터 발생되는 전기 신호를 감지할 수 있다. 이는 현존하는 포유류 중 오리너구리와 가시두더지, 그리고 기아나돌고래만의 특징이다.

Chapter 3. 오묘하고 신비한 동물 이야기

생체형광마저 가진 오리너구리

그런데 좀 이상하지 않은가? 전기장 감지는 물에서만 활용할 수 있는 기능인데 육상 생활을 하는 가시두더지에게 왜 있을까? 그 답은 앞서 언급한 매튜 박사의 주장에 있다. 유대류와의 경쟁 때문에 과거 가시두더지의 조상도 반수생 생물이었기 때문이다. 바로 이 조상 종의 전기 수용체가 흔적 기관이 되어 후대에 여전히 남아 있는 것이다. 다만 이들이 지닌 전기 수용체는 400~2,000개로, 오리너구리보다 확연히 적다. 이는 가시두더지가 다시 육상 생활을 하면서 퇴화된 것으로 추측된다.

그리고 2020년 오리너구리에 관한 새로운 사실이 밝혀졌다. 자외선을 오리너구리에 비추자 이들의 칙칙했던 털이 녹색 형광빛을 띠었다. 이런 현상을 '생체형광'이라고 하는데, 자외선을 흡수하는 과정에서 발생하는 현상이다. 이는 어류나 파충류 등에서 흔히 관찰되지만, 포유류에서는 일부 설치류와 토끼 등을 제외하면 거의 나타나지 않는 특성이다. 연구진들은 오리너구리가 이런 생체형광을 지닌 이유로 어둠 속에서 짝을 찾거나 의사소통의 측면보다 자외선 영역에 민감한 천적으로부터 자신을 숨기기 위한 진화적 적응 전략일 거라고 내다봤다. 즉 생존 전략 중 하나인 셈이다.

오리너구리는 꽤 귀엽지 않은가? 원시적이면서 어딘가 엉성한 녀석의 모습이 생존을 위한 처절한 적응의 결과물이라고 생각하면 더 귀엽고 아름답게 느껴진다.

까마귀가 다른 새들보다
더 똑똑하다고?

까마귀의 높은 지능이 밝혀지다

때는 1996년 오클랜드대학교의 생태학자 게빈 헌트Gavin Hunt는 자신이 관찰한 놀라운 사례를 《네이처》에 발표한다. 바로 조류인 까마귀가 도구를 사용한다는 사실이다. 하지만 당시 사람들은 이를 쉽게 받아들이지 못했다. 그도 그럴 것이 1970년대 침팬지가 도구를 사용한다는 사실이 알려졌을 때도 반신반의했는데, 새 따위(?)가 도구를 사용한다는 건 얼토당토않다고 생각했기 때문이다.

그러나 이후 까마귀의 지능을 재조명할 만한 사례가 속속 확인된다. 1998년 일본에 서식하는 까마귀들이 호두를 깨 먹기 위해 놀라운 재치를 발휘하는 사례가 발견됐다. 차도에 호두를 떨어뜨린 후 호두가 차에 밟혀 깨지자 신호등이 초록불로 바뀌길 기다렸다 유유히 도로로 걸어가 호두를 먹은 것이다. 또 2007년과 2009년, 까마귀가 단순한 도구 사용을 넘어 상황에 따라 '도구를 구부려 활용한다'는 연구 결과가 발표됐다. 연구를 거듭할수록 이들의 지능이 기존 생각보다 훨씬 더 놀라울 정도로 높다는 사실이 속속 밝혀졌다.

2014년 브리스틀대학교의 인지행동학자인 사라 젤버트Sarah A. Jelbert 박사의 연구를 살펴보자. 실험에서 까마귀는 물에 담긴 먹이를 먹기 위해 돌을 물에 떨어뜨려 수위가 높아지는 방법(❶)을 사용했다. 또 물에 뜨는 물체를 가려내고, 물에 가라앉는 것만 골라 사용할 줄도 알았다. 수면의 높이가 같은 상황에선 좁거나 넓은 유리관 중 어느 곳에 돌을 떨어뜨려야 더 쉽게 먹이를 획득할 수 있는지 판단(❷)할 줄 알았다. 더 놀라운 사실은 너비가 넓어도 수위가 높으면 여지없이 그 유리관에 돌을 떨어뜨려 먹이를 꺼내 먹었다(❸).

[까마귀 인지 능력 실험]

난 어떤 상황에서든
먹기 쉬운 방법을
찾아낸다고!

게다가 2018년에는 긴 막대기와 짧은 막대기를 4분 만에 연결해 통 깊숙한 곳의 먹이를 꺼내 먹는 테스트도 통과했다. 이런 '복합 도구'를 만들어 사용하는 능력은 인간의 아기도 5세 이상은 돼야 가능하다. 많은 과학자가 놀란 이유다. 이렇듯 여러 연구를 통해 까마귀는 대중에게 놀라운 지능을 가진 동물로 널리 인식되기 시작했다.

까마귀의 뇌는 뭐가 특별할까?

그러나 과학자들에게 한 가지 의문이 있었다. 도대체 '까마귀의 뇌는 다른 새들보다 무엇이 특별하길래 지능이 높은 걸까?'란 궁금증이다. 사실 예전에는 조류의 지능이 포유류보다 많이 떨어진다고 생각했다. 왜냐하면 뇌에서 학습, 기억, 사고 등 지능과 관련 깊은 부위는 대뇌 바깥쪽의 신피질인데, 조류의 뇌에는 신피질이 없다는

[쥐의 뇌 신경망 VS 비둘기의 뇌 신경망]

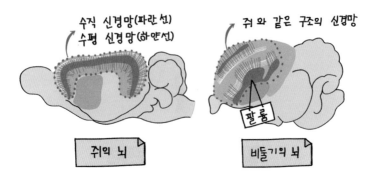

생각이 지배적이었기 때문이다.

그러던 지난 2020년, 기존 관념을 뒤엎는 연구가 《사이언스》의 표지를 장식한다. 독일 보훔루르대학교 신경생리학과의 마틴 스타쵸Martin Stacho 박사는 쥐와 비둘기(올빼미 포함)의 뇌 신경망을 3차원 영상 기술로 분석했다. 그 결과 쥐의 신피질에서 수직과 수평 신경망들이 서로 교차된다는 사실을 알아냈다. 그리고 놀랍게도 스타쵸 박사는 조류의 뇌 중 팔륨Pallium이라는 부위에서 쥐의 신피질과 똑같은 구조의 신경망을 발견했다. 즉 조류의 뇌에 신피질은 없지만, 팔륨에서 이와 같은 기능을 하고 있는 것이다.

그리고 2022년 1월, 인지신경과학자 펠릭스 스트로켄스Felix Strockens 박사는 까마귀의 팔륨에 분포하는 신경세포의 수가 비둘기, 닭, 타조 등 다른 새보다 압도적으로 많다는 사실을 밝혀냈다. 특히 까마귀의 팔륨 무게는 2g으로, 7.5g인 타조의 팔륨보다 3.7배 작지만, 팔륨에 분포한 뉴런은 약 3억 개로 타조보다 1.5배, 비둘기나 닭보다 3배 이상 많았다.

그렇다면 포유류와 비교했을 땐 어떨까? 다음 페이지의 큰까마귀Raven의 뇌와 카푸친 원숭이Capuchin Monkey의 뇌를 비교한 그림을 보자. 각각의 녹색 부위가 까마귀의 팔륨과 원숭이의 신피질이다. 뇌 전체 질량 중 이 부위의 비중은 까마귀가 훨씬 더 크다. 게다가 절대적인 뉴런의 개수도 까마귀가 더 많다.

이 연구를 진행한 찰스다윈대학교의 동물학자 파벨 네멕Pavel Nemec 박사는 지능을 좌우하는 요인으로 뇌의 크기나 체중 대비 뇌

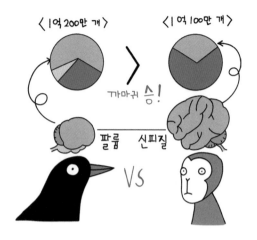

의 질량이 아닌 뇌 속 신경세포의 '밀도'를 꼽았다. 그러면서 똑똑하기로 유명한 까마귀나 앵무새의 경우 그 밀도가 일반적인 영장류보다 2배나 높다며 이들의 지능이 높은 이유를 설명했다.

까마귀 뇌 진화의 비밀

여기서 또 한 가지 의문이 생긴다. 왜 까마귀는 뇌가 발달하도록 진화한 걸까? 그 답은 '사회적 지능 가설'에서 찾을 수 있다. 2019년 비엔나대학교의 동물행동학자인 팔미르Palmyre H. Boucherie 박사의 주장에 따르면 까마귀는 번식기를 맞이하기 전 청년이 되면 다른 개체들과 무리를 이룬다. 이때 이들은 서로 협력해 다른 무리를 공격하기도 하고 먹이가 있는 곳을 공유하는데, 이 과정에서 집단 내 위계가 생긴다. 심지어 짝짓기 후 무리 생활을 하지 않을 때도 과거 자신과 같은 그룹에 속했던 그룹원을 구별할 수 있으며, 또 그들에게 도움을 받았는지 여부도 기억한다고 밝혔다.

이렇듯 까마귀는 다른 새들보다 복잡한 사회생활을 한다는 사실이 드러났다. 그는 이런 집단생활이 까마귀의 뇌가 고도화되는 선택압으로 작용했다고 말한다. 이는 인류가 집단을 이루며 서로 협동하고 소통하는 과정에서 사고를 담당하는 뇌가 커졌다는 사회적 지능 가설과 맥을 같이한다.

그리고 이듬해인 2020년, 인지고고학자 나탈리 우오미니Natalie Uomini 교수는 까마귀의 유독 긴 유아기(?)가 이들의 지능 발달을 가속화했다고 주장했다. 그는 지능이 높은 까마귀나 어치(까마귀과)의

출처 | 픽사베이

까마귀는 집단생활을 통해 서로 소통하는 과정에서 사고 담당 영역의 뇌가 발달하는 것으로 보인다.

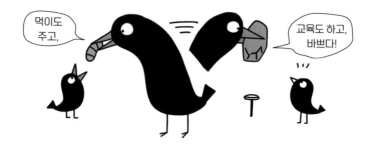

경우 최대 4년까지 부모로부터 먹이를 공급받고 사냥이나 도구 사용 등 다양한 생존 방법을 배운다는 사실을 알아냈다. 인간으로 치면 거의 스무 살까지 부모와 함께 지내는 셈이다. 비행 방법만 배우면 부모로부터 독립하는 다른 새들과 사뭇 다른 행동 양식이다.

우오미니 박사는 까마귀의 이런 긴 유아기와 양육 방식은 인간과 돌고래 등 영리한 포유류와 유사하며, 이는 뉴런의 신경 밀도 증가와 인지 능력의 확장으로 이어졌을 거라고 추정했다. 즉 선택압으로 작용했다는 의견이다.

이렇듯 우리는 까마귀를 통해 지능의 수렴진화를 엿볼 수 있다. 조류와 포유류는 무려 3억 2,000만 년 전에 갈라져 수억 년 동안 각자의 길을 걸어왔다. 그런데 진화의 끝자락(현재 시점)에서 양쪽 모두 뛰어난 인지력을 갖춘 녀석들이 등장했으니 말이다. 무척추동물계에서 지능 원탑인 문어의 등장 역시 지능의 수렴진화를 보여주는 대표적인 사례다. 어쩌면 우리가 전혀 예상치 못한 지구 어딘가에 높은 지능을 갖춘 또 다른 생물이 살아가고 있진 않을까?

심해 생물들은
왜 이토록 거대해졌을까?

옛날 사람들은 깊은 바닷속에 괴수 크라켄이 살고 있다고 생각했다. 허무맹랑할 것 같은 이 상상은 심해 거대 오징어가 발견되면서 근거를 갖게 되었다.

심해에는 특이한 생물들이 저마다의 삶을 이어가고 있다. 한 가지 특이한 점은 어떤 심해 생물은 심해에 살지 않는 친척 종보다 몸집이 훨씬 크다는 사실이다.

심해 생물의 몸집이 커지는 현상을 가리켜 'Deep-sea Gigantism', 이른바 '심해 거대증'이라 일컫는다.

왜 어떤 심해 동물은 이토록 크기가 커진 걸까? 거대해진 그들의 이야기를 시작한다.

심해 거대증의 원인은 낮은 수온?

일반적으로 심해는 수압이 높아 생물의 몸이 쪼그라들 거라고 생각하기 쉽다. 하지만 체내 성분이 대부분 물로 이루어진 녀석들에게 이런 불상사는 일어나지 않는다. 특히 심해 생물은 부레에 공기 대신 기름을 채우고 있는 경우가 많아 수압 때문에 부레가 쪼그라드는 일도 없다. 즉 수압은 심해 생물의 크기와 큰 상관이 없다. 한편 일각에선 부력 때문에 때문에 심해 생물이 중력의 제한에서 벗어나 몸집이 커졌다는 주장이 나왔다. 하지만 2018년 스탠퍼드대학교의 고생물학자 윌리엄 기어티William Gearty 박사는 이를 반박하고 나섰다.

그는 중력을 덜 받는 환경은 신체가 커질 수 있는 충분조건일 뿐 반드시 커져야 하는 선택압이 될 수 없다며, 실제 심해 생물의 몸집을 거대하게 만든 선택압은 '낮은 온도'라고 주장했다. 그는 몸집이 커지면 부피 대비 표면적이 작아져 열이 덜 방출되기 때문에

낮은 온도에서는 큰 몸집이 유리하다고 밝혔다.

즉 육지에서 고위도로 갈수록 생물의 몸집이 커지는 '베르그만의 법칙Bergmann's rule'이 바다에도 고스란히 적용된다는 설명이다. 또 그는 해양 포유류를 예로 들었다. 고래, 매너티, 물개 등은 바다에 적응하면서 육지의 친척 종보다 몸집이 수십 배나 커졌는데, 이 역시 체온 유지를 위한 진화적 적응이라고 말했다.

그는 이를 뒷받침하는 증거로 해달을 꼽았다. 해달은 바다 생활을 하는 포유류 중 몸집에 큰 변화가 일어나지 않은 종인데, 몸에 난 털이 체온을 따뜻하게 유지시켜주기 때문이라는 주장이다. 즉 해달은 털이 있어 굳이 몸집을 키워가며 체온 유지를 할 필요가 없었다는 것이다.

사실 심해의 낮은 온도와 몸집과의 상관관계는 2001년부터 제기되어 온 주장이다. 이에 대한 의문점 역시 꽤나 많다. 첫 번째는

해양 포유류인 해달은 몸집이 큰 고래, 물개 등과 달리 몸에 털이 있어 체온 유지를 위해 몸집을 키울 필요가 없었다.

낮은 온도에서 몸집이 커지는 현상은 주로 포유류 같은 항온동물에서 발생하기 때문에 심해의 다른 동물에게 적용할 수 없다는 것이다. 두 번째는 바다의 깊이가 깊어질수록 온도가 낮아지지만, 일정 깊이부터는 온도가 거의 변하지 않기 때문에 심해라고 무작정 온도가 낮아 몸집이 커진다는 주장은 다소 애매하다는 것이다.

높은 용존산소량이 심해 거대증의 원인일까?

듀크대학교(국립진화통합센터)의 해양생태학자 크레이그 맥클레인 Craig R. McClain 박사는 심해 생물이 커진 또 다른 요인으로 '용존산소량'을 꼽았다. 뒤에 있는 그래프에서 보다시피, 심해로 갈수록 수온

심해 생물들은 왜 이토록 거대해졌을까?   201

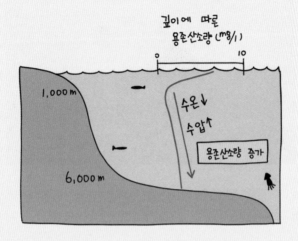

이 낮고 수압이 높아 용존산소량은 증가한다(실은 남·북극해의 표층 해수 침강이 가장 큰 영향이다). 맥클레인 박사는 산소가 많은 환경에선 세포의 크기와 숫자가 증가하기 때문에 심해 생물의 몸집이 커질 수 있다고 주장했다.

이어 그는 2001년 여러 바다 달팽이를 연구한 결과를 발표했다. 이 연구에서 바다 깊이가 2,000~4,000m로 깊어질수록 용존산소량은 20%가량 늘어나는데, 이때 바다 달팽이의 몸집이 평균 3~4배가량 커진다는 사실을 발견했다.

추가로 전 심해 생물학자였던 케빈 젤니오Kevin Zelnio는 심해 거대 등각류가 몸에 상당량의 지방을 지니고 있다는 사실을 토대로 몸집이 클수록 지방을 저장할 공간이 많아지고, 이는 먹이가 적은 심해에서 오랫동안 에너지를 비축하는 데 유리했을 거라는 가설을 발표했다.

그리고 2022년 5월, 이 가설을 뒷받침하는 연구가 등장한다. 중국과학원의 해양학자인 지안하이Jianhai Xiang 교수는 거대 등각류 중 한 종인 바티노무스 자메시Bathynomus Jamesi의 게놈을 분석한 결과, 큰 몸집에 저장한 많은 양의 지방을 매우 천천히 분해하는 유전자와 효소가 있다는 사실을 알아냈다.

한편 영국 남극조사국의 동물학자 로이드 펙Lloyd S. Peck 박사는 심해의 경우 표층보다 포식이 10배나 덜 일어날 정도로 포식자가 적기 때문에 심해 생물의 몸집이 자연스럽게 커졌다고 주장했다. 또 먹이가 부족한 심해에선 먹잇감을 찾아 이동하거나 위에서 떨어지는 부유물을 최대한 많이 먹으려면 아무래도 몸집이 큰 편이 유리하기 때문에 심해 거대증 현상이 나타난다고 주장하는 과학자들도 있다.

신진대사율이 낮은 심해 거대종들

이쯤에서 약간 아리송한 부분이 있다. 상식적으로 몸집이 커지면 기본적으로 소비되는 에너지, 즉 '신진대사율'도 함께 높아지기 마련이다. 먹잇감이 적은 심해라면 큰 몸집이 불리하지 않을까?

사실 여기에는 약간의 오해가 있다. 쥐와 고양이로 예를 들면 이렇다. 쥐와 고양이의 질량은 100배 정도 차이가 난다. 그렇다면 신진대사량도 고양이가 쥐보다 100배 높을 것 같지만, 그렇지 않다. 클라이버의 법칙Kleiber's Law에 따르면, 질량 증가에 따른 신진대사량은 1:1이 아니라 4분의 3제곱 배로 증가하기 때문에 이 둘의 신진대사량 차이는 약 32배에 불과하다. 즉 단위 시간 및 단위 질량당 신진대사율을 보면, 쥐와 코끼리 중 더 효율적인 건 코끼리다. 과학자들이 에너지 효율 측면에서도 심해 생물의 몸집이 커졌을 거라고 추측하는 이유다.

게다가 많은 심해 생물은 본인의 무게에 비해 훨씬 낮은 신진대사율을 가진다. 2010년 포르투갈 해양환경과학센터의 루이로사Ruirosa 박사는 남극 심해에 사는 거대 오징어(남극하트지느러미오징어)의 신진대사율을 조사한 결과, 약 500kg의 개체에 필요한 하루 먹이양은 고작 30g에 불과하다는 사실을 알아냈다. 이는 거대

[거대 오징어의 하루 먹이 섭취량]

　　　　　　　　Chapter 3. 오묘하고 신비한 동물 이야기

오징어와 체중이 비슷한 다른 고래보다 현저히 적은 수치다. 그리고 루이로사 박사는 거대 오징어의 에너지 소비량 역시 고래보다 300배 적다고 밝혔다. 정말 놀라운 적응력이 아닐 수 없다.

놀라운 사실이 또 있다. 거대 등각류는 5년 동안 먹지 않아도 생존이 가능하다. 물론 이들은 한번 먹잇감을 발견하면 언제 또 먹이를 접하게 될지 모르기 때문에 미친 듯이 먹어 치운다. 먹이의 뼈가 앙상해질 때까지 말이다.

사실 심해 생물 대부분의 섭식 방식이 이렇다. 사냥을 하는 경우도 있지만, 우연히 얻어걸린 동물 사체를 먹는 경우가 많고, 일부 거대 단각류는 바다에 가라앉은 목재를 먹고살기도 한다. 일본 해양지구과학기술청의 고바야시Hideki Kobayashi 박사는 거대 단각류에게 목재를 포도당으로 전환할 수 있는 효소가 있다는 사실을 밝혀

냈다. 고바야시 박사는 이 역시 심해에 적응하는 과정에서 나타난
형질이라고 주장했다.

수명이 긴 심해 거대종은 200년을 산다고?

다시 본론으로 돌아와서, 앞서 말한 낮은 신진대사율 때문에 심해
생물의 생체 시계는 느리게 흘러가고 덩달아 수명도 길어진다. 엑
서터대학교의 생물학자 칼룸 로버츠Callum M. Roberts 교수는 여러 종
의 띠볼락을 조사한 결과 깊은 곳에 사는 종일수록 기하급수적으
로 수명이 늘어나고, 특히 오래 사는 녀석은 거의 200년을 산다는
사실을 알아냈다.

[수심에 따른 띠볼락 수명 그래프]

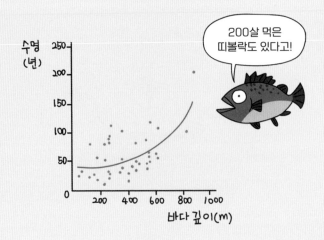

Chapter 3. 오묘하고 신비한 동물 이야기

그린란드상어 역시 장수하는 대표적인 심해 동물이다. 2016년 포획된 개체의 나이가 평균 400살에 가까운 것으로 확인됐다. 거의 임진왜란 때부터 생존해 온 셈이다.

즉 심해 거대증을 요약해 정리하면 이렇다. 심해 동물 중 일부는 낮은 온도와 높은 용존산소량, 또 적은 포식자 등의 이유로 몸집이 커졌다. 그리고 먹잇감이 적은 환경의 단점을 보완하기 위해 낮은 신진대사율을 갖게 되었다. 그런 개체만 자연선택됐다고 볼 수 있다.

물론 현재 심해 거대증은 확립된 법칙이나 이론이 아니다. 심해는 연구가 덜 된 분야이고 유공충이나 곰벌레, 가스트로리치 같은 1mm 이하의 작은 수생 무척추동물에선 깊이에 따른 크기 변화가 관찰되지 않기 때문이다.

하지만 이런 논의를 떠나 깊은 바닷속은 분명 매력적이고 경이로운 공간임이 틀림없다. 상상으로만 떠올렸던 생물로 가득한 곳이니까 말이다. 지속되는 지구온난화와 해수 온도의 상승 등… 앞으로 심해의 거대 동물은 이렇게 급변하는 환경 속에서 어떤 모습으로 진화할까?

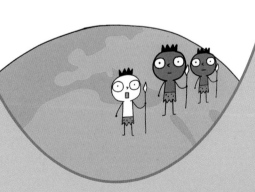

Chapter 4

한번쯤 궁금했던 인류 이야기

오스트랄로피테쿠스는 어떻게 살았을까?

1974년 11월, 고인류학자 도널드 요한슨(Donald Johanson)은 에티오피아 아파르 지역의 하다르 유적지에서 고인류 화석 찾기에 한창이었다. 그때 캠프에서는 비틀스의 <Lucy in the Sky with Diamonds>가 흘러나오고 있었는데….

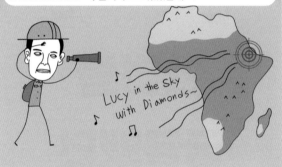

그는 한 지층에서 인류의 역사를 바꿀 고인류 화석 하나를 발견한다. 화석의 정체는 바로 약 330만 년 전의 고인류, '오스트랄로피테쿠스 아파렌시스'다.

비틀스 노래를 들을 때 발견했으니, '루시'라고 불러야겠군!

과거 발견된 오스트랄로피테쿠스의 두개골 화석은 뇌 용량 400cc에 툭 튀어나온 눈, 두꺼운 턱 등 겉모습 때문에 침팬지나 고릴라 같은 옛 유인원의 일종으로 생각됐다. 그래서 요한슨 박사는 루시 역시 큰 화제를 불러일으킬 거라고 생각하지 못했다.

오스트랄로피테쿠스 아프리카누스   오스트랄로피테쿠스 보이세이

뇌용량

400cc

두꺼운 턱

루시도 침팬지나 고릴라와 비슷한 옛 유인원인 줄만 알았지.

절레 절레

그러나 요한슨 박사가 발견한 루시는 어딘가 특별했다. 비록 두개골은 없지만, 고인류학계를 발칵 뒤집어 놓을 만한 단서가 숨어 있었다. 도대체 그게 뭘까?

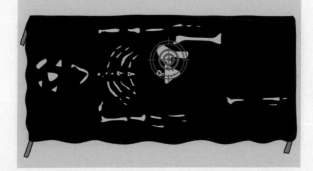

직립보행이 인류의 시작

《종의 기원》을 발표한 다윈은 인간만이 지닌 특징으로 총 4가지를 꼽았다. 첫 번째는 두 발로 걷는 능력, 두 번째는 도구를 만드는 능력, 세 번째는 신체에 비해 큰 두뇌, 마지막은 도구로 음식을 가공해 먹음으로써 작아진 치아다.

사실 20세기 초까지만 해도 많은 고인류학자들은 인류의 진화 과정에서 '큰 두뇌'가 가장 먼저 나타났을 거라고 생각했다. 우수한

[루시 화석의 전체 골격]

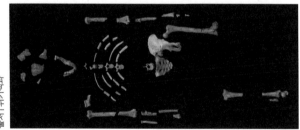

출처 | 위키피디아

두뇌는 인간을 상징하는 가장 큰 징표이기 때문에 초기 인류의 조상 역시 큰 두뇌를 지녔을 거라고 믿었다. 그래서 사기극으로 판명난 '필트다운 인Piltdown Man' 사건에서 범인(화석 발견자인 찰스 도슨으로 추정)이 고인류의 두개골을 큰 두뇌를 지닌 것처럼 조작한 일도 이런 믿음이 강했기 때문이다.

그런데 루시의 발견은 이 믿음을 산산조각 냈다. 루시는 인류의 진화 과정에서 '큰 두뇌'보다 '두 발 걷기'가 먼저 나타났다는 결정적인 단서를 제공했기 때문이다. 이들의 허벅지 뼈를 보면 안쪽(중간)으로 모이는 모습을 확인할 수 있다. 이는 두 발 걷기를 하는 인간의 특징으로, 걷는 과정에서 한 발이 땅에서 떨어질 때 나머지 한 발로 중심을 잡기 위한 것이다. 침팬지를 비롯해 네 발로 걷는 동물들은 허벅지 뼈의 방향이 일자로 쭉 뻗어 있다. 안쪽으로 기울어진 루시의 허벅지 뼈는 이들이 두 발로 걸었다는 사실을 말해준다.

[루시의 허벅지 뼈]

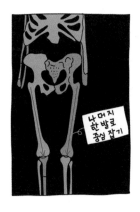

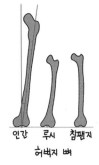

또 침팬지와 달리 인간의 골반뼈는 좌우로 흔들리지 않고 균형을 잡기 위해 넓은 왕관 모양으로 되어 있다. 루시의 골반뼈 역시 현재 인류와 유사했다. 즉 이 증거들은 330만 년 전의 초기 인류가 두뇌는 작았지만 완벽히 두 발로 걸었음을 뜻한다.

그리고 2년 후인 1976년, 고인류학자 매리 리키Mary Leakey 박사는 탄자니아 라에톨리Laetoli 지역에서 역사에 길이 남을 발자국을 발견한다. 1969년 닐 암스트롱이 달에 남긴 발자국에 버금갈 정도로 중요한 발견이다. 바로 360만 년 전, 이곳을 두 발로 걸었던 오스트랄로피테쿠스 아파렌시스Australopithecus Afarensis의 발자국 화석이다.

앞발의 흔적은 어디에도 없었으며, 특히 현재의 인간처럼 엄지발가락이 다른 발가락들과 나란히 있었다. 침팬지의 발을 보면 이들의 엄지발가락은 우리와 달리 옆으로 나 있어 나무타기에 적합하다. 반면 라에톨리에서 발견된 오스트랄로피테쿠스의 발자국은 이

Chapter 4. 한번쯤 궁금했던 인류 이야기

들이 두 발로 걸었다는 사실을 명백히 보여준다. 루시(오스트랄로피테쿠스 아파렌시스 전반을 칭함)에 이은 라에톨리 발자국의 발견으로 오스트랄로피테쿠스는 '최초의 인류'란 타이틀을 거머쥐며 유명세를 타게 된다.

오스트랄로피테쿠스의 삶은 어떤 모습이었을까?

그렇다면 이들은 어떤 삶을 살았을까? 지금의 인류처럼 당시 생태계를 주름잡는 종이었을까? 안타깝게도 그렇지 않았다.

루시의 친척인 일명 '타웅 아이Taung Child'라 불리는 280만 년 전의 3살 된 오스트랄로피테쿠스의 두개골 화석에서 왕관독수리의 발톱에 찍힌 흔적이 발견됐다. 이는 당시 독수리가 이들의 머리를 낚아채 사냥했음을 말해준다. 한편 다른 오스트랄로피테쿠스의 뼈에서는 악어의 이빨 자국이 발견되기도 했다. 아마 강에 물을 마시러 갔다가 악어에게 봉변을 당한 것으로 추정된다.

키가 1m에 불과한 이들에게 사바나는 천적이 즐비한 세상이었다. 당연지사 사냥은 꿈도 꾸기 힘들었다. 그래서 루시는 풀, 뿌리, 씨앗 등을 주식량으로 삼았다. 두꺼운 턱과 큰 어금니가 바로 그 증거다.

서던크로스대학교의 고인류학자 요하네스 보야우Renaud Jo-annes-Boyau 교수는 이들이 주로 식물을 먹었기 때문에 기후나 계절에 따라 영양 결핍을 자주 겪었을 거라고 주장했다. 어쩌면 라에톨리의 발자국은 주린 배를 움켜쥔 채 아이를 데리고 새로운 먹거리를 찾아 나서야만 했던 루시 가족의 눈물 섞인 발걸음이었을지도 모른다.

루시가 육식도 했다고?

2000년대 초반까지만 해도 루시는 두 발 걷기만 현생 인류와 비슷할 뿐 식성은 여타 영장류와 별반 차이가 없었을 거라는 생각이 지배적이었다. 그러다 2009년, 막스플랑크 진화인류학연구소의 새넌 맥페론Shannon P. McPherron 박사는 루시가 채식뿐 아니라 종종 육식도 했을 거라는 주장을 들고나왔다. 그는 에티오피아 디키카Dikika 지역에서 어린 소의 것으로 보이는 340만 년 전의 허벅지 뼈를 발견했는데, 날카로운 석기로 잘린 흔적이 있었다. 맥페론 박사는 이것이 루시가 도구를 사용했으며 육식도 병행했음을 암시하는 증거라고 주장했다.

그도 그럴 것이 해당 시기 이 지역에 살았던 고인류 종은 오스트랄로피테쿠스 아파렌시스가 유일했기 때문이다(현재까지 발견된 건 루시가 유일하다). 물론 그렇다고 루시가 적극적으로 동물 사냥에 나섰던 건 아니다. 고인류학자들은 그들의 몸집이 작은 탓에 맹수가 먹다 남긴 동물 사체를 노렸을 거라고 추측한다. 주변 석기 도구

를 활용해 고기 가죽을 벗기거나 뼈를 으깨 골수 등을 먹었을 가능
성도 염두에 두고 있다. 그 당시 루시의 경쟁 상대는 대머리독수리
같은 시체 청소부였을 것이다. 현재도 많은 동물이 도구를 사용하
는 모습이 관찰되고 있는 마당에 루시가 도구를 사용하지 않았을
이유는 없어 보인다.

침팬지와는 기능이 다른 뇌의 소유자

오스트랄로피테쿠스는 두 발 걷기와 식성, 도구 사용 등 여러 면에
서 호모속과 비슷한 특징을 보인다는 사실이 속속 밝혀지기 시작했
다. 그중 이들의 뇌에 관한 한 가지 흥미로운 '썰'이 있다. 어쩌면 호
모 에렉투스 시절이 아닌 오스트랄로피테쿠스 때부터 이미 인류의

뇌가 한 단계 도약했을지도 모른다는 가설이다.

20세기 초반, 남아프리카 마카판 계곡에 있는 한 동굴의 약 300만 년 전 지층에서 어떤 자갈과 함께 오스트랄로피테쿠스의 뼈가 발견됐다. 그런데 자갈을 자세히 들여다보면 인간의 얼굴이 보인다. 물론 이 돌은 오스트랄로피테쿠스가 직접 가공한 게 아니라 자연적으로 만들어졌다. 미스터리한 사실은 이 자갈이 발견지에서 약 5~30km 떨어진 곳에 분포해 있다는 것이다. 그리고 길이는 약 8cm로, 새나 여타 동물들이 물어 오기엔 그 크기가 비교적 컸다. 발견지인 동굴 지층에는 홍수의 흔적이 없었던 탓에 자연적으로 동굴 안으로 들어왔다고 보기에도 무리가 있었다.

고고학자인 로버트 베드나릭Robert G. Bednarik은 오스트랄로피테쿠스가 계곡에서 이 자갈을 주운 후 동굴로 가지고 왔을 거라고 추측했다. 그는 2017년 발표한 논문에서 오스트랄로피테쿠스에게 어

떤 사물에서 익숙한 형상을 인지하는 일종의 '파레이돌리아Pareido-lia' 능력이 있었을 거라고 주장했다.

화성에서 한 언덕을 보고 사람의 얼굴을 떠올리는 게 파레이돌리아의 대표적인 예다. 베드나릭 박사는 오스트랄로피테쿠스에게 자연석에서 자신의 얼굴과 비슷한 형상을 발견할 줄 알고, 이에 호기심을 느낄 정도의 상상력과 추상적 사고력이 있었을 거라고 말한다. 이들의 뇌 크기는 침팬지와 유사하지만, 기능 면에서는 분명 인간다운 진전이 있었다는 의견이다.

물론 이는 어디까지나 베드나릭 박사의 주장이다. 아직 학계에서 이를 합리적인 가설로 인정하고 있지 않다. 하지만 오스트랄로피테쿠스의 지능에 대해 다시 한번 고찰할 수 있는 흥미로운 화석임에는 분명하다.

출산 과정에서 엿보는 오스트랄로피테쿠스의 인간성

루시가 꽤나 인간다운 고인류라는 증거는 출산 과정에서도 찾을 수 있다. 2017년 오스트랄로피테쿠스 아파렌시스의 출산 과정을 분석한 미국 다트머스대학교의 고인류학자 제레미 드실바Jeremy M. DeSilva 교수는 이들이 침팬지보다 훨씬 정교한 협동 시스템을 갖춘 집단을 형성했을 거라고 주장했다.

그는 침팬지와 오스트랄로피테쿠스 그리고 현생 인류가 출산할 때 아기 머리의 회전 정도를 분석했다. 인간은 이족보행의 결과 산도는 좁아지고 두뇌는 커져 아기가 엄마의 좁은 산도를 빠져나오기 위해 머리를 180도 회전한다. 따라서 산모 혼자 아기를 받을 경우 목이 부러질 위험이 있어 반드시 누군가의 도움이 필요하다.

반면 침팬지는 산도가 넓어 아기가 머리를 회전하지 않기 때문에 동료의 도움 없이 어미가 쉽게 새끼를 품에 안을 수 있다. 별거 아닌 것 같지만 이 차이는 인류 집단을 끈끈한 공동체로 만들었다. 출산의 고통을 덜어주기 위해 협동이 필요했기 때문이다. 또 탄생이후 1년이 될 때까지 제대로 걷지 못하는 아기를 보살피기 위해 인류는 다른 영장류에서 매우 보기 드문 협동 육아를 하는 집단으로 진화했다. 이런 협력은 인류만의 강력한 무기가 됐고, 지금의 문명사회를 이룩하는 원동력으로 작용했다.

오스트랄로피테쿠스는 출산할 때 주변 사람들과 서로 도움을 주고받았다.

그런데 드실바 교수는 루시도 출산할 때 아기의 머리가 일정 각도 이상 회전했다는 사실을 밝혀냈다. 즉 오스트랄로피테쿠스 역시 출산할 때 주변 사람들의 도움이 필요했다는 의미다. 이는 호모 속에 접어들기 훨씬 이전부터 인류 조상이 꽤 정교한 협력 사회를 이루고 살았음을 보여주는 증거다.

훗날 루시는 지금으로부터 200만 년 전 새롭게 등장한 다른 호모 속에게 최초의 인류 자리를 내주었다. 그럼에도 두 발 걷기와 육식, 도구 사용과 한 단계 진전된 두뇌, 그리고 협력 사회까지 구축한 루시는 분명 '최초의 인류'답다.

약 270만 광년 떨어진 안드로메다은하. 이곳에서 빛이 출발했을 무렵, 지구에서는 이제 막 한 영장류의 걸음마가 시작되고 있었다. 루시는 과연 상상이나 했을까? 수백만 년 후 후손에 의해 발견될 자신이 인류 진화사에 한 획을 긋게 될 거란 사실을 말이다.

사라진 유전자는 인류를 어떻게 진화시켰을까?

긴 목, 멋진 날개, 뛰어난 뇌, 무서운 이빨. 이처럼 생물계에서 특정 형질을 발현시켜 주는 유전자는 수억 년에 걸쳐 이루어진 생존 게임의 흔적이자 진화의 산물이다.

그런데 말입니다.

사람들은 특정 형질이나 기능을 '얻는 것'만 진화라고
오해합니다. 하지만 알다시피 이를 잃는 것도 진화이며,
때로는 잃는 것이 생존 게임을 유리하게 이끌기도 합니다.

우리 인류 역시 예외가 아니죠.
그럼, 사라진 유전자가 인류를 어떻게
진화시켰는지 함께 보시죠!

인류가 비타민C 체내 합성 유전자를 잃은 이유는?

인류가 잃어버린 유전자는 여러 개가 있는데 그중 대표적인 것이 바로 '비타민CAscorbic Acid(아스크로브산)'를 만드는 유전자다. 우리는 이미 경험으로 너무 잘 알고 있다. 햇볕만 쬐면 합성할 수 있는 비타민D와 달리 비타민C는 과일 또는 영양제 등 어떤 식으로든 반드시 외부에서 섭취해야 한다는 사실을 말이다.

이유는 이렇다. 포도당이 비타민C로 합성되는 과정 중 마지막 단계에 반드시 '글루노락톤 산화효소Glunolactone Oxidase'가 필요하다. 인간에게 이 효소를 만드는 유전자가 있긴 하지만 돌연변이가 일어나 제 기능을 못 하고 있다.

그런데 재미있는 사실은 포유류 중 비타민C를 스스로 만들지 못하는 종은 박쥐와 기니피그, 그리고 인간을 포함한 직비원류Haplorrhini에 속하는 영장류뿐이다. 반면 직비원류가 아닌 곡비원류Strepsirrhini를 비롯한 나머지 포유류는 모두 체내에서 스스로 비타

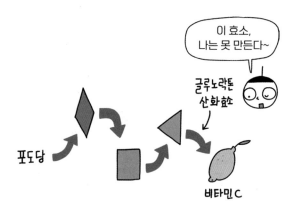

[포도당에서 비타민C가 합성되는 과정]

민C를 만들 수 있다.

이 사실을 처음 발견한 과학자들은 의아함을 감추지 못했다. 왜냐하면 비타민C는 콜라겐 합성에 필요하고 물질대사의 조효소이자 강력한 항산화제로써 우리 몸에 꼭 필요한 영양소이기 때문이다. 이를 합성하는 유전자가 고장 난 채 인류가 지금까지 생존했다는 사실은 선뜻 받아들이기 어려웠다. 하지만 과학자들은 금세 답을 찾아냈다.

캐나다 오타와대학교의 가이 드루인Guy Drouin 박사는 영장류들의 유전자를 분석한 결과, 비타민C를 합성하는 유전자에 돌연변이가 일어난 시기가 약 6,100만 년 전이라는 사실을 밝혀냈다.

6,100만 년 전은 팔레오세 말기로, 지구의 기후가 점차 온화해지면서 지구 곳곳이 열대우림으로 변하던 시기다. 덕분에 영장류들은 주변에서 손쉽게 과일을 구해 비타민C를 충분히 섭취할 수 있었

다. 따라서 비타민C를 합성하는 유전자가 망가지더라도 생존에 큰 무리가 없었다는 주장이다.

비타민C를 버리고 얻은 진화적 이점들

그런데 이 주장은 과학자들에게 또 다른 물음표를 남겼다. 왜냐하면 아무리 과일을 쉽게 구할 수 있는 환경이라도 비타민C를 만들지 못하는 형질은 비타민C를 스스로 합성하는 형질보다 진화적으로 특별히 유리한 점이 없어 보였기 때문이다. 왜 이 형질이 직비원류 전체에 퍼져 지금까지 이어졌는지 이해하기 어려웠다. 그래서 과학자들은 영장류가 비타민C를 만들지 못하는 대신 얻게 되는 진화적 이점이 있을 거라고 생각했다.

여기에는 여러 가설이 존재한다. 먼저 체내에서 비타민C를 만들려면 재료가 되는 포도당이 꼭 필요하다. 만약 비타민C를 과일에서 직접 얻을 수 있다면 기존에 비타민C를 만들 때 쓰던 포도당을 뇌와 같은 다른 기관의 에너지원으로 쓸 수 있기 때문에 비타민C를 만들지 못하는 형질이 생존에 더 유리하다는 가설이다. 즉 비타민C를 스스로 만드는 데 필요한 에너지와 양분을 다른 기관에 투자할 수 있다는 주장이다.

두 번째는 2001년 싱가포르국립대학교의 생화학자인 베리 할리웰Barry Halliwell 교수가 주장한 '활성산소 가설'이다. 그는 비타민C가 항산화제이기도 하지만, 간에서 이를 만드는 과정 중 글루노락톤 산화효소가 작용하는 단계에서 과산화수소 같은 활성산소가 발생한다고 말했다. 몸에 활성산소가 너무 많이 쌓이면 세포가 손상된다. 따라서 과일을 통해 비타민C를 섭취할 수 있다면 비타민C를 직접 만드는 대사가 중단되는 편이 생존에 더 유리했을 거라고 주장했다. 쉽게 말해 직접 음식을 요리할 때 불필요한 음식물 쓰레기가 너무 많이 생긴다면 차라리 밖에서 사 먹는 편이 더 낫다는 의견이다.

이후 2008년 프랑스 몽펠리에 분자유전학연구소의 아멜리에 Amélie Montel-Hagen 박사(현재는 UCLA 줄기세포연구센터 소속)는 이른바 '재활용 가설'을 들고나왔다. 그는 다른 포유류와 달리 유독 비타민C를 만들지 못하는 인간과 영장류, 그리고 박쥐와 기니피그의 적혈구막에 이상하리만치 'GLUT1'이라는 막단백질이 많이 발현된다는 사실을 발견했다. 그리고 이 단백질이 포도당을 운반하는 역할 외에 이미 사용된(산화된) 비타민C인 DHA를 흡수해 다시 비타민C로 만드는 데 도움을 준다는 사실을 밝혀냈다. 쉽게 말해 비타민C를 재활용하는 셈이다.

즉 인간(인간을 포함한 비타민C를 합성하지 못하는 포유류)은 비타민C를 직접 만들지 못하는 대신 보상 기전으로 비타민C를 한 번 섭취하면 마른 오징어에서 먹물을 짜듯 최대한 효율적으로 활용하는 기작을 갖추고 있다는 의미다. 실제 비타민C를 스스로 합성할 수 있는 쥐는 체중 1kg당 약 60mg의 비타민C가 필요한 반면 사람은 1kg당 약 1mg만 있어도 충분하다. 정말 엄청난 효율성이 아닌가.

여기에 추가로 2019년, 독일 호엔하임대학교의 생리화학자 한스 콘라트Hans-Konrad Biesalski 박사는 재활용 가설을 뒷받침할 새로운 사실을 발견한다.

인간의 몸 안에서 DHA로 산화된 비타민C가 앞서 말한 막단

[비타민C 재활용 과정]

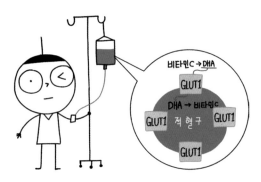

백질인 GLUT1을 통해 적혈구에 들어온 뒤 다시 비타민C로 만들어지는 과정에서 세포와 DNA를 손상시키고 단백질을 변형시키는 '자유 라디칼(엄밀히 말하면 Ascorbate Free Radical)'이 상당량 감소했다. 그는 이것이 인류의 조상이 비타민C 합성 능력을 잃었음에도 불구하고 그렇지 않은 종보다 생존에 더 유리한 고지를 점하게 된 비결이라고 밝혔다.

요산 분해 유전자를 잃어버린 이유

사실 비타민C와 비슷한 사례는 여럿 있다. 그중 하나가 바로 '요산'이다. 인간은 물질대사의 부산물로 요산을 생성하고, 이를 소변으로 배출한다. 그런데 이상한 점은 인간은 다른 포유류보다 혈액 내 요산의 농도가 3배 이상 높다. 이 때문에 요산은 체내에서 종종 결정화가 잘 일어나고, 이는 극심한 통증을 유발하는 통풍의 원인이 된다.

하지만 흥미로운 사실이 하나 있다. 인류의 먼 조상인 케냐피테쿠스Kenyapithecus나 드리오피테쿠스Dryopithecus 등이 살았던 1,600만 년 전까지만 해도 이들은 요산을 분해할 수 있는 효소인 '우리카아제Uricase'를 지니고 있었다. 그런데 어떤 이유에서인지 이 시기 요산 분해 효소를 암호화하는 유전자에 돌연변이가 생겨 기능을 상실했고, 지금의 인류까지 이어졌다.

이상하지 않은가? 요산을 분해하는 이 좋은 유전자에 변이가 일어났다면 분명 생존에 불리했을 것 같은데 어떻게 유인원들은 이 유전자를 지닌 채 지금까지 진화할 수 있었을까?

2015년 콜로라도 의과대학의 리처드 존슨Richard J. Johnson 박사는 미국 과학잡지《사이언티픽 아메리칸Scientific American》을 통해 그 원인이 '에너지 비축'에 있다고 주장했다. 그는 1,600만 년 전쯤부터 유럽과 아프리카 지역의 기온이 급격히 내려가면서 열대 우림이 초원으로 변하기 시작했다며, 이 과정에서 초기 유인원은 겨울마다 식량난에 시달렸을 거라고 말한다. 그런데 이때 우연히 유인원 그룹에서 요산을 분해하지 못하는 돌연변이가 생겼다. 요산은 과일에서 섭취한 과당을 지방으로 전환하는 과정을 촉진하는데, 유전자 변이로 요산을 분해하지 못하게 된 개체의 경우 혈액 내 쌓인 요산 덕분에 과당을 지방으로 저장할 수 있었다고 존슨 박사는 설명했

Chapter 4. 한번쯤 궁금했던 인류 이야기

다. 이로 인해 먹거리가 부족해진 환경에서 다른 개체보다 생존에 유리했을 거라는 가정이다.

요산에 관한 가설은 더 있다. 최근에 요산이 뇌신경을 보호한다는 가설이 등장했다. 또 수백만 년 전, 염분 섭취가 어려웠던 환경에서 요산은 나트륨을 대신해 혈액 내 혈압을 유지하는 역할을 했다는 가설도 있다. 여기서 한 가지 흥미로운 대목이 있다. 먼 과거의 요산은 인류의 생존에 도움을 줬지만, 현대사회에 이르러 충분한 과당과 염분 섭취로 인해 요산이 오히려 비만과 고혈압이란 질병을 유발한다는 사실이다.

멜라닌 생성 유전자가 망가진 이유

요산과 더불어 멜라닌 색소 역시 망가진 유전자가 생존에 도움을 준 대표적인 사례다. 아프리카에 등장한 초기 인류는 몸에 털을 잃은 후 자외선으로부터 피부를 보호하기 위해 멜라닌 색소를 지니게 됐다(엄밀히 말해 그런 개체만 생존했다). 이 때문에 당시 인류의 피부색은 짙었다. 그런데 먼 훗날 인류가 고위도 지방으로 진출하면서 멜라닌 생성에 관련된 유전자에 변이가 일어나 피부색이 옅어진 개체가 등장한다. 얼핏 생각하면 이런 형질은 자외선을 제대로 막지 못해 생존에 불리해 보이지만 결과는 정반대였다. 바로 '비타민D'의 합성 때문이다.

펜실베이니아주립대 인류학과의 니나 자블론스키Nina Jablonski 박사는《스킨Skin》이란 책을 통해 고위도 지역은 태양에너지가 적게 도달하기 때문에 비타민D 합성에 필요한 자외선의 양도 적다고 말했다. 이 때문에 고위도 지역에서 멜라닌이 많은 피부는 자외선을 차단해 칼슘 대사와 면역계에 중요한 비타민D의 합성률을 떨어뜨린다고 주장했다. 즉 고위도에서 멜라닌이 많은 짙은 색 피부는 생존에 불리하다는 얘기다.

결국 수십만 년 전 비타민 보조제가 없던 시절, 고위도 지역으로 이주한 인류 조상 중 멜라닌 생성 유전자가 망가진 변이 그룹만 자외선을 잘 흡수해 비타민D를 효율적으로 만들어 생존할 수 있었다.

Chapter 4. 한번쯤 궁금했던 인류 이야기

불이 가져온 유전자 탈락 현상

이렇듯 과학자들은 진화 과정에서 인류가 잃어버린(기능이 망가진) 유전자가 무려 2만 개에 달할 것으로 추정하고 있다. 이 중 어떤 유전자는 불 때문에 사라지기도 했다.

2015년 펜실베이니아주립대학교의 인류학자 조지 페리George Perry 박사는 인류가 약 160만 년 전 쓴맛을 느끼는 일부 유전자(TAS2R62 및 TAS2R64)를 잃어버렸다는 사실을 알아냈다. 그는 그 원인이 당시 호모 에렉투스가 사용하기 시작한 '불'에 있다고 주장했다. 불로 음식을 구워 먹는 과정에서 식물의 독성 물질이 제거되기 때문에 인류 조상은 굳이 쓴맛을 느끼는 유전자를 갖고 있을 필요가 없었을 거라는 가설이다. 재미있는 주장은 여기서 그치지 않는다. 그는 음식을 씹을 때 필요한 턱의 저작근과 관련된 'MYH16'이

란 유전자 또한 침팬지에게선 정상적으로 발현되지만, 인간은 이 유전자에 변이가 일어나 제 기능을 못 한다고 주장했다. 이 역시 인류가 불을 사용해 요리를 하면서 부드러운 음식을 접하게 된 결과라고 설명했다.

이처럼 오랜 진화의 과정을 거쳐 지금의 인류가 있기까지 무언가를 '얻는 것'도 중요했지만, 무언가를 '버리는 것'도 중요했다. 그리고 어쩌면 이런 자연 현상은 삶을 바라보는 시각과 연결될지 모른다. 우리는 끊임없이 '쟁취'를 요구하는 경쟁 사회에서 살고 있다. 때로는 쟁취보다 가진 것을 내려놓는 것도 우리의 삶을 변화시켜 나가는 중요한 원동력이 아닐까?

왜 인류의 뇌는
점점 작아지는 걸까?

미 래 인 류

인류의 뇌는 수백만 년에 걸쳐 폭발적으로
커졌어. 덕분에 먹이사슬의 꼭대기에 설 수 있었고,
지금도 다른 동물과 다른 삶을 살고 있지.

그래서 이 그림처럼 미래 인류를
상상할 때 극단적으로 커진 뇌를 떠올리게
되나 봐. 와~ 뇌가 얼마나 큰 거야?

미 래 인 류

호모 사피엔스의 뇌가 줄어들었다?

때는 1988년, 인류학자이자 해부학자인 헤넨버그Maciej Henneberg
교수는 꽤 흥미로운 연구 결과를 발표한다. 바로 플라이스토세 말
부터 현재에 이르기까지 인류의 뇌 크기가 점차 줄어들고 있다

[호모 사피엔스 남녀의 뇌 크기 변화]

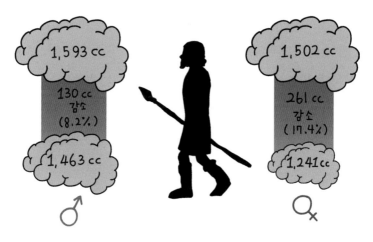

는 내용이다. 그는 유럽과 북아프리카 지역의 후기 구석기부터 현재에 이르는 호모 사피엔스 1만여 개체의 성인 남녀 두개골의 크기를 분석했다. 그 결과 남성의 경우 1,593cc에서 1,463cc로 약 130cc(8.2%)가 감소했고, 여성의 경우 1,502cc에서 1,241cc로 약 261cc(17.4%)가 감소했다는 사실을 밝혀냈다.

이는 테니스공 1개 크기만큼 줄어든 수치다. 작은 차이 같지만 호모 사피엔스와 호모 에렉투스의 뇌 크기 차이와 비슷하다. 이는 당시 인류학 연구 흐름과 다소 상반되는 내용이다. 그도 그럴 것이 인류의 뇌는 300만 년 전부터 지속적으로 커졌으며, 호모 사피엔스에 이르러 더 커졌거나 혹은 거의 변하지 않았을 것으로 여겨졌기 때문이다. 그런데 같은 호모 사피엔스임에도 불구하고 거의 최근이라 할 수 있는 4만 년 전부터 인류의 뇌가 작아지기 시작했다는 주장이 나와 학계는 의아함을 감출 수 없었다.

하지만 이후 인류학자인 존 혹스John D. Hawks 교수와 크리스토퍼 스트링거Christopher Brian Stringer 박사, 또 식품인류학자인 헬렌 리치Helen May Leach 교수와 더불어 《요리 본능》의 저자로 유명한 진화생물학자 리처드 랭엄Richard W. Wrangham 등 많은 과학자가 헤넌버그 박사의 주장에 동조하기 시작했다. 최근 들어서는 현생 인류(호모 사피엔스)의 뇌가 작아졌다는 가설이 점차 긍정적으로 검토되고 있다.

기후 변화와 농업혁명으로 뇌가 작아졌다?

뇌 크기가 줄어드는 경향성이 사실이라 할지라도 분명한 의문점 하나가 존재한다. '도대체 무엇 때문에 호모 사피엔스의 뇌가 줄어들었는가?'란 질문이다. 이에 대해 다양한 가설이 등장하고 있는데, 첫 번째 가설은 바로 '기후 변화'다.

런던 자연사박물관의 인류학자 크리스 스트링거Chris Stringer 박사는 《사이언티픽 아메리칸》과의 인터뷰에서 빙하기가 끝난 시기인 약 1만 2,000년 전부터 지구가 점차 따뜻해지기 시작했는데, 이는 인류의 신체 크기 축소를 불러왔다고 주장했다. 보통 추운 기후에서는 열 손실을 막기 위해 표면적 대비 부피가 큰 몸집이 생존에 유리하지만, 기후가 따뜻해지면 이와 반대되는 현상이 벌어져 몸의

추운 지방에 사는 북극여우(좌)는 몸집이 크고, 더운 지방에 사는 사막여우(우)는 몸집이 작다. 이는 기온에 따라 동물의 몸 크기가 달라지는 대표적인 예다.

크기가 작아져야 생존에 유리하다는 설명이다.

그리고 스트링거 박사는 인류의 몸이 작아지면서 여성 골반의 크기도 함께 줄어들었다고 주장했다. 이에 따라 출산하는 태아의 머리 크기도 작아져야 종족 번식이 가능하기 때문에 자연스레 두뇌의 크기가 줄어들기 시작했을 거라고 설명했다. 하지만 이 가설의 허점은 과거에도 빙하기와 간빙기가 여러 차례 반복됐음에도 불구하고 인류의 두뇌 크기가 지속적으로 커진 사실을 설명하지 못한다는 데 있다.

이에 존 혹스 교수는 인류의 뇌가 작아진 이유는 기후 변화가 아니라 1만 2,000년 전 농업혁명이 가져온 '영양 결핍' 때문이라는 가설을 들고나왔다. 실제로 《사피엔스》의 저자인 유발 하라리Yuval Harari는 책에서 농업혁명은 인류에게 있어 '축복'이 아닌 '재앙'이라

농업혁명은 축복이 아니라 영양 결핍을 불러왔다.

고 설명했다. 농업 발달은 노동 시간의 증가와 제한된 영양소 섭취로 인한 영양 불균형으로 이어졌기 때문이다. 또 당시 재배 방식이 발달하지 않았던 환경 탓에 기근이 자주 발생했다.

실제로 2019년 오하이오주립대학교의 인류학자 클라크 라르슨Clark Spencer Larsen 교수는 터키의 신석기 유적지에서 출토된 유골을 분석한 후 당시 농사를 지었던 우리 조상의 상당수가 영양 결핍에 시달렸을 거라고 주장했다. 영양 부족은 자연스레 골격 전반의 축소를 불러왔고, 특히 인체 에너지의 20%가 필요한 뇌 역시 작아질 수밖에 없는 선택압을 받았다는 설명이다.

그러나 이 가설에도 한 가지 문제점이 있다. 바로 1만 년 전 농업혁명이 아직 일어나지 않았던 남아프리카나 호주 대륙에서도 이미 호모 사피엔스의 뇌 크기가 줄어들고 있었다는 사실이다. 이처럼 기후도 농업도 아니라면 도대체 무엇이 원인이었을까?

인간의 '자기 가축화'로 인한 뇌 축소

그 뒤로 가장 그럴싸한 세 번째 가설이 등장한다. 바로 인간의 '자기 가축화Self-domestication 가설'이다. 이는 인간이 가축처럼 스스로 길들여졌다는 주장이다. 그런데 도대체 가축화와 뇌 크기가 무슨 상관이 있을까?

2021년 스위스 취리히대학교의 고생물학자 아나 발카르셀Ana

Mercedes Balcarcel 교수의 주장을 들어보자. 그의 연구에 따르면 가축화된 개의 뇌는 늑대보다 29% 작고, 가축화된 고양이의 뇌도 야생종보다 24% 작다. 가축화된 소의 뇌는 오록스Aurochs(멸종된 야생소)보다 25% 작고, 가축화된 돼지 역시 야생종에 비해 뇌의 크기가 34%나 작다.

그는 논문을 통해 야생동물이 가축화되면서 공격성이 사라진 영향으로 뇌의 크기가 줄어들었다고 주장했다. 특히 가축화된 소 중에서 가장 공격적인 투우소의 경우 야생종과 뇌의 크기가 비슷했고, 반대로 젖을 생산하고 가장 온순하게 길들여진 젖소는 야생종과 비교했을 때 뇌의 크기가 가장 많이 작아졌다고 밝혔다. 인지신경과학자인 브루스 후드Bruce Hood 역시 《뇌는 작아지고 싶어 한다》

[가축화된 동물의 뇌 크기]

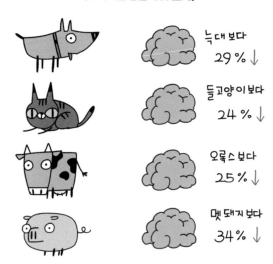

늑대 보다
29 % ↓

들고양이 보다
24 % ↓

오록스 보다
25 % ↓

멧 돼지 보다
34 % ↓

는 책을 통해 공격성을 담당하는 테스토스테론 같은 호르몬의 감소가 뇌의 크기 감소에 관여한다고 언급한 바 있다.

동물의 가축화 사례를 인간에게 적용한다는 건 무슨 뜻일까? 인류의 뇌가 작아진 이유는 곧 우리 스스로 온순하게 길들여졌기 때문이라는 것이다. 이게 무슨 말인지 아리송할 것이다. 이 가설을 지지하는 리처드 랭엄과 진화인류학자인 브라이언 헤어Brian Hare 교수의 설명은 이렇다.

지난 수만 년 동안 호모 사피엔스는 협력을 통해 정교한 조직을 구축하는 과정에서 조직에 잘 융화되는 사교성, 집단생활에 잘 적응하는 인내심, 그리고 소통을 잘하는 사회성을 갖춘 개체가 더 잘 살아남았다. 이로 인해 인류 집단 전반이 점차 온순해졌다(가축화)고 주장한다. 특히 언어의 발달은 의사소통을 더욱 구체화함으로써 인류 스스로 사회적으로 길들여지는 불씨가 됐다고 덧붙였다.

브라이언 교수는 인류의 이런 사회적 길들임의 과정에서 세로토닌과 옥시토신의 분비가 증가하고, 반대로 공격성과 관련된 호르몬의 분비는 줄어들면서(그런 개체들만 자연선택됨) 전반적으로 뇌가 작아지는 선택압을 받았을 거라고 말한다. 그러던 2019년, 인간의 유전자에서 'BAZ1B'라는 유전자가 발견됐다. 이 유전자는 상냥함과 연관이 있으면서 작은 두개골을 형성하는 데 기여하는 것으로 밝혀져 자기 가축화 가설에 힘을 실었다.

그러나 이 가설 역시 완벽하지 않다. 왜냐하면 네안데르탈인 Neanderthal Man이나 호모 에렉투스 같은 종은 정교한 사회를 이루고 산 고인류임에도 불구하고 자기 가축화 현상이나 뇌 크기 감소의 흔적이 없기 때문이다.

최근까지도 인류의 뇌 크기 변화를 두고 다양한 의견들이 오가

[뇌 크기 변화 그래프]

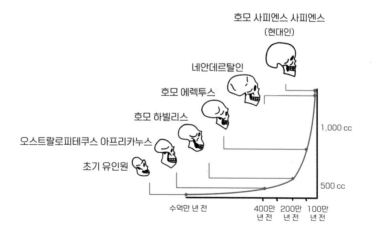

                                      Chapter 4. 한번쯤 궁금했던 인류 이야기

고 있다. 그러던 2021년, 앞선 가설을 모두 반박하는 신박한(?) 가설 하나가 등장한다. 다트머스대학교의 고인류학자 드실바 교수는 고인류 화석 985개의 두개골을 분석한 결과, 인간의 뇌 크기 감소는 농업이 시작된 1만 2,000년 전부터가 아니라 불과 3,000년 전부터 시작됐다고 주장했다.

왼쪽 그래프에서 보이는 것처럼 인류의 뇌는 3,000년 전까지 폭발적으로 커지다가 그 이후 급격한 감소세를 보인다는 설명이다. 어떻게 불과 3,000년 만에 뇌의 크기가 줄었을까? 드실바 교수는 '정보의 외장화'와 '극단적인 분업화'를 원인으로 지목한다.

인류 사회는 5,000년 전부터 메소포타미아, 이집트, 고대 로마 등 도시국가를 이룩하면서 급속도로 발전했다. 그리고 이 과정에서

출처 | 위키백과

산업혁명 이후 분업화된 대량생산 체제는 노동의 분업화를 불러왔다. 그로 인해 다른 분야에 관심을 쏟지 않아도 되는 사회가 되었다.

문자가 탄생하고, 이를 기록하고 저장할 수 있는 방법들이 발명되면서 개개인은 더 이상 수많은 정보를 일일이 기억할 필요가 없게됐다. 의사결정 과정에서도 집단지성에 의존하는 일이 잦아졌다. 또 노동의 분업화가 일어나면서 내가 하는 일에만 집중하면 될 뿐 다른 분야에 관심을 기울일 이유도 사라졌다.

드실바 교수는 이 과정에서 인류의 뇌는 효율성을 높이기 위해 작아지는 선택압을 받았다고 주장했다. 한 마디로 신경 쓸 일이 줄었기 때문에 구태여 큰 뇌를 유지하며 에너지를 낭비할 필요가 없어졌다는 이야기다. 그리고 그는 논문에서 사회성 곤충인 개미 역시 집단이 커지면 커질수록, 또 노동이 분업화될수록 효율성을 위해 일개미의 뇌 크기가 작아진다고 언급했다. 그는 분업화된 인류 사회는 개미 사회와 비슷하며 인간의 뇌가 작아진 이유도 이와 비슷할 거라고 주장했다.

물론 앞선 가설들은 말 그대로 가설일 뿐 이론으로 정립되기까지 많은 후속 연구가 뒤따라야 한다. 그럼에도 불구하고 이런 과학적 가설들은 우리를 엉뚱하면서도 심도 있는 상상 속으로 이끌어 준다. '인공지능AI이 일 처리는 물론 모든 의사결정을 대신하고 모든 정보가 디지털로 저장되는 먼 미래, 그때 인류의 뇌는 어떻게 변해 있을까?'와 같은 상상 말이다.

왜 인간의 몸은 엉망징창으로 설계돼 있을까?

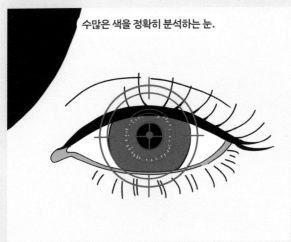

엄청난 효율성을 자랑하는 이족보행까지, 인간의 몸은 완벽하다.
그래서 전지전능한 신이 설계한 것처럼 보인다.

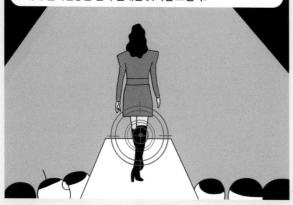

그러나! 아주 조금만 자세히 들여다봐도 우리 인체는 그야말로
허점투성이다.

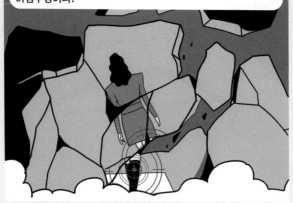

인간의 눈에만 맹점이 있다

지금부터 오른쪽 눈을 가린 채 아래의 그림을 보며 걸어보자. 약 50cm 떨어진 곳에서 오른쪽 십자가 모양을 보며 가까이 다가간다. 그러면 약 30cm 지점에서 왼쪽 붉은 동그라미가 안 보일 것이다. 놀랍지 않은가. 바로 그 지점이 여러분의 '맹점'이다. 평상시에는 2개의 눈이 서로 보완해 주기 때문에 맹점이 안 보이지만, 이렇게 한쪽 눈을 가리면 물체의 상이 맺히지 않는 맹점이 나타난다.

그런데 이상하다. 언뜻 생각하기엔 맹점에는 상이 맺히지 않았으니 검은 반점 같은 게 보여야 할 것 같은데 보이지 않는다. 왜 그

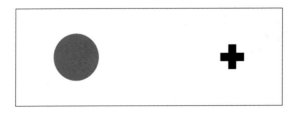

럴까? 뇌가 맹점이 생긴 공간에 주변 바탕색(여기서는 흰색)을 보정
해 채워 넣기 때문이다.

　사실 이런 맹점은 인간만이 아니라 척추동물이라면 누구나 가
지고 있다. 눈 안쪽 망막에는 빛을 감지하는 빛수용체 세포가 빼곡
히 들어차 있다. 이 세포는 빛을 받아들여 전기 신호로 바꾸고, 이
신호는 빛수용체 세포와 연결된 시신경을 따라 뇌까지 도달한다.
그런데 문제는 척추동물의 빛수용체 세포는 빛이 들어오는 반대편
을 향하고, 시신경은 망막 안쪽에 위치해 있다는 것이다. 즉 신경다
발을 한곳에 모아 망막을 통과하도록 설계됐다. 바로 이 지점이 '시
각신경유두'이자 빛수용체 세포가 없는 맹점이 생기는 곳이다. 정
말 비효율적이지 않은가?

　반대로 무척추동물인 오징어나 문어의 눈은 이보다 훨씬 효율
적이다. 이들의 빛수용체 세포는 모두 빛이 들어오는 방향을 향하

[눈의 구조와 맹점]

고 있고, 연결된 시신경 또한 망막 바깥쪽으로 뻗어 있어 곧장 뇌와 연결된다. 즉 망막 전체에 빛수용체 세포가 분포해 있기 때문에 맹점이 없다.

이쯤 되면 왜 우리의 눈은 이따위(?)로 진화했을까 하는 생각이 들 수 있다. 알다시피 진화는 최고의 결과물이 아니다. 그저 조상이 가진 기본 틀에서 조금씩 변형될 뿐이다. 최초의 척추동물 눈은 빛수용체 세포의 방향이 반대쪽을 향하고 있었을 테고, 이 기본 틀은 변하지 않은 채 형태만 조금씩 수정되면서 현재에 이르게 된 것이다.

축농증에 잘 걸리도록 설계된 부비동

잘못 설계된 인체 기관은 눈만이 아니다. 우리 얼굴 안쪽에는 공기와 점액으로 가득 찬 '부비동'이란 공간이 있다. 호흡할 때 들어온 먼지와 세균, 그리고 바이러스 등을 꽉 붙잡아 두는 역할을 하는 곳이다. 이후 점액이 차면 점액은 연결된 관을 따라 목구멍을 타고 위로 내려가 소화된다. 우리가 가끔 "크웁~ 크웁~" 하며 '코를 먹는'게 이 부비동 속 점액을 삼키는 행위다. 그리고 이 부비동에 점액이 쌓여 염증이 생기면 이를 '축농증(부비동염)'이라고 한다.

그런데 재미있는 사실은 유독 인간만 이 부비동에 염증이 생겨 감기나 축농증에 잘 걸린다는 것이다. 그 이유는 바로 눈 아래쪽에

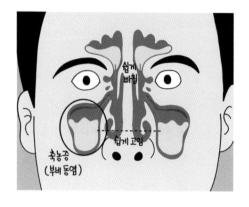

[인간의 부비동 구조]

쉽게
빠짐

쉽게 고임

축농증
(부비동염)

위치한 부비동 때문이다. 눈 위쪽에서는 부비동 속 점액이 중력에 의해 쉽게 아래로 흘러갈 수밖에 없다. 반면 눈 아래쪽에 위치한 부비동은 관이 위쪽으로 연결돼 있어 점액이 쉽게 빠져나가지 못하고 고여 있기 십상이다. 이곳에 염증이 자주 생기는 이유다.

반면 개의 부비동은 이렇게 생기지 않았다. 중력을 따라 점액이 쉽게 목구멍으로 넘어가는 구조라 인간에 비해 축농증에 잘 걸리지 않는다. 도대체 우리의 부비동은 왜 이 모양일까? 주둥이가 길었던 포유류의 조상은 모두 효율적인 부비동을 지녔으나, 이들 중 일부가 점차 후각보다 시각에 의존하는 영장류로 진화하면서 주둥이가 짧아졌다. 그 끝자락에 나타난 인간은 유인원 중에서 가장 몹쓸 부비동을 지니게 되었다.

엉망으로 진화한 목구멍

인간은 목구멍도 아주 엉망으로 설계되어 있다. 공기와 음식이 들어오는 통로가 아래 그림처럼 일부 경로를 공유한다. 그래서 숨을 쉬면 공기가 폐뿐 아니라 식도를 거쳐 위로 들어가서 방귀가 만들어진다. 한편 음식을 먹을 때는 후두개가 닫혀 음식물이 폐로 들어가는 걸 막는다. 가끔 후두개가 제대로 닫히지 않아 음식물이 폐로 들어가면 이를 빼내기 위해 기침을 해서 다시 뱉어내야 한다. 우리는 이를 '사레들렸다'라고 표현한다. 즉 인간은 삼키기와 숨쉬기를 동시에 할 수 없는 동물이다.

아마 침을 삼키면서 동시에 숨을 쉬려고 하면 잘 안될 것이다. 그래서 우리는 호흡과 소화 경로가 완전히 구분된 뱀이나 새처럼 큰 먹잇감을 한입에 삼킬 수 없다. 만약 그랬다간 호흡 통로가 막혀

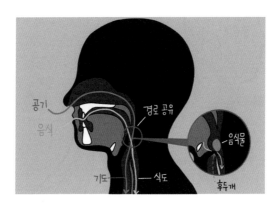

후두개가 덮여야 음식물이 기도로 가지 않고 식도로 넘어간다.

바로 질식사할 테니 말이다.

진화생물학자 이상희 교수는 우리의 목구멍이 이렇게 비효율적으로 진화한 이유는 언어를 사용하기 때문이라고 말한다. 말을 못 하는 침팬지는 후두가 위로 올라와 있는 반면 성인 인간은 후두가 한껏 아래로 내려와 있기 때문에 목소리통이 커질 수 있고, 이 덕분에 다양한 음성을 만들 수 있게 됐다는 설명이다. 우리의 목구멍은 질식사의 위험을 떠안은 대신 말을 할 수 있게 된 형태라 할 수 있다. 그런데 만약 신이 인체를 설계했다면 질식사도 막으면서 말도 할 수 있는 형태로 고안하지 않았을까?

그리고 후두 얘기가 나왔으니 말인데, 뇌와 후두를 이어주는 '되돌이후두신경'도 비효율의 극치를 달리는 기관이다. 뇌에서 후

[되돌이후두신경 경로]

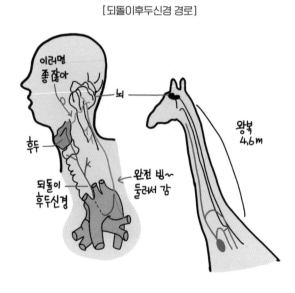

두로 바로 연결하면 될 것을, 인간의 되돌이후두신경은 후두에서 시작해 대동맥을 따라 심장을 빙~ 둘러 뇌로 연결되어 있다. 기린은 더 심하다. 무려 4.6m 이상을 빙 둘러서 연결된다. 아마 과거 중생대 용각류 공룡은 더 장난 아니었을 것이다. 아무튼 이렇게 신경이 길어지면 신호 전달 측면에선 매우 비효율적이다.

되돌이후두신경이 비효율적인 이유 역시 조상과 진화의 영향이다. 과거 어류의 되돌이후두신경은 뇌와 아가미를 연결하는 기관이었다. 이때 이 신경은 큰 혈관들 사이를 통과하며 척수에서 아가미까지 거의 직선 경로로 이어져 있었다. 어류 중 일부가 진화하는 과정에서 목과 가슴이 분리됐는데, 이때 심장이 뇌에서 멀어지자 되돌이후두신경도 할 수 없이 긴 고리 모양으로 늘어나게 됐다. 주먹구구식으로 겨우 수선만 거듭해 온 진화사의 흔적인 셈이다.

비타민C 부족과 디스크를 불러온 진화

오류투성이 설계의 예는 비단 인체 기관에만 그치지 않는다. 인간은 영양소 대사 측면에서도 형편없는데, 대표적인 사례가 바로 앞에서 언급했던 '비타민C'다. 비타민C는 콜라겐 합성에 꼭 필요하다. 부족할 경우 콜라겐이 부족해져 세포외 기질과 조직 등이 무너져 내리고 피부에서 피가 나는 괴혈병을 유발한다.

그런데 재미있는 사실은 척추동물 중 기니피그와 인도과일박쥐 등을 제외하면 인간과 여타 영장류만 음식을 통해 비타민C를 섭취한다. 반면 지구상에 있는 거의 모든 척추동물은 간에서 스스로 비타민C를 만들어 낼 수 있다. 개, 소, 고양이에게 따로 귤이나 오렌지를 줄 필요가 없는 이유다. 인간이 비타민C를 합성하지 못하는 이유는 이를 만드는 데 필요한 '굴로GULO'라는 효소 유전자가 망가졌기 때문이다. 앞에서 언급한 대(224쪽 참고)로 아마 진화 역사 중 인류 조상이 과일을 먹기 시작한 시점부터일 것으로 추측된다.

　물론 수백만 년 전 인류의 조상은 과일을 쉽게 구할 수 있는 숲에 서식했던 터라 이 유전자가 고장 나도 큰 문제가 없었다. 하지만 훗날 인류가 숲을 벗어나 초원지대로 나오고, 진화를 거듭한 호모 에렉투스 같은 인류의 조상이 기후가 저마다 다른 여러 대륙으로 진출하면서 비타민C 결핍에 시달리는 경우가 많아졌을 것이다. 실제 초기 문명사회부터 중세와 근세에 이르기까지 지금처럼 과일이

널리 보급되지 않았던 시기에는 괴혈병을 앓는 사람들이 정말 흔했다.

이 외에 지금도 인류는 '이족보행'이란 걷기 방식 때문에 네발동물과 달리 디스크란 질병에 쉽게 노출되고 있다. 또 골반은 좁아져 출산 시 큰 위험을 짊어지게 됐다.

이렇듯 우리의 몸은 허점 가득한 진화의 산물이다. 그저 세월에 따라 불완전한 부분들을 겨우 땜질하며 생존했을 뿐이다. 어쩌면 인체가 아름다운 이유는 완벽하기 때문이 아니라 수억 수천만 년 진화의 역사가 고스란히 녹아 있기 때문이 아닐까?

사랑니는 왜 삐뚤빼뚤 이상하게 날까?

사랑에 눈을 뜨는 나이에 난다고 해서 붙여진 이름, 사랑니. 왜 사랑니는 이렇게 엉망으로 나서 우릴 괴롭힐까?

사랑니는 언제부터 났을까?

우리는 '사랑니'라는 이름이 익숙하지만, 의학적인 용어로 '제3대구치'라고 부른다. 우리 인간의 치아는 총 32개다. 가운데 앞니 4개, 양쪽 옆에 송곳니 2개, 그 옆에 소구치(앞어금니) 4개, 가장 안쪽에 제1, 2대구치(뒷어금니) 4개 순서로 난다. 여기까지만 나면 위턱 14개, 아래턱 14개로 총 28개다. 이후 나이가 들어서 나는 제3대구치,

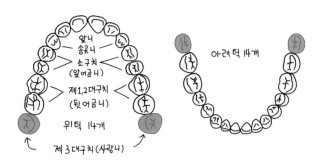

인간의 치아 32개로 구성!(제3대구치 −4개 포함)

앞니
송곳니
소구치
(앞어금니)
제1,2대구치
(뒷어금니)
위턱 14개
제3대구치(사랑니)

아래턱 14개

즉 사랑니 4개까지(위턱과 아래턱) 포함하면 총 32개의 치아가 나는 셈이다.

그런데 참 얄밉게도 사랑니는 대부분 기울어져 나는 경우가 많다. 이를 방치하면 잇몸 감염, 충치, 심지어 종양과 같은 심각한 문제를 일으키고 통증을 유발한다. 아마 이 아픔은 겪어 본 사람만 알 것이다.

이렇게 우리를 괴롭히는 사랑니는 수백만 년 전, 우리 인류 조상에게도 있었다. 질긴 날고기나 식물 뿌리 등을 잘근잘근 씹어 먹기 위해 어금니는 필수적이었다. 그런데 이 시기 다양한 호모속의 이빨 화석을 보면 사랑니가 다른 어금니처럼 정상적으로 자리 잡고 있다.

그러다 약 240만 년 전, 놀라운 변화가 일어난다. 강한 턱 근육을 발현시키는 유전자에 변이가 일어난 것이다. 2004년 펜실베니아주립대학교의 한셀 스테드만Hansel Stadman 교수는 《네이처》에 논문 하나를 발표한다. 약 240만 년 전 인류의 턱 근육 강화와 관련된

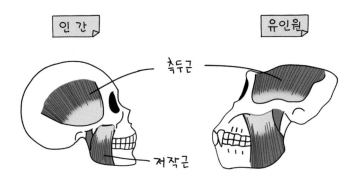

'MYH16' 유전자에 변이가 생겼고, 이때부터 인류의 턱 근육이 약해졌다는 내용이다.

실제로 씹는 기능을 담당하는 인간의 측두근 크기는 다른 유인원과 비교하면 형편없다. 스테드만 박사는 인간 턱의 근섬유 중 일부는 크기가 짧은꼬리원숭이의 8분의 1 수준에 불과하다고 밝혔다.

턱이 작아져서 사랑니가 날 공간이 없다?

턱 근육의 축소는 두개골이 받는 압력을 줄여 두개골이 더 얇아지고 커지는 데 영향을 미쳤다. 즉 뇌가 커질 수 있는 환경이 마련된 것이다. 반대로 저작근의 감소로 턱뼈는 작아지는 쪽으로 선택압을 받았다. 또 이 시기 인류의 조상은 커진 뇌를 활용해 불로 음식을 익혀 먹는 방법을 터득한 덕에 턱 근육의 사용량이 이전보다 훨씬 줄어들었다. 인류에게 크고 강인한 턱은 쓸모가 없어진 셈이다.

그런데 여기서 주목해야 할 사실이 있다. 턱의 크기는 점차 작아진 반면 치아의 개수를 결정하는 유전자에는 변화가 없다는 점이다. 쉽게 말해 좁아진 공간에 32개의 치아가 모두 들어가야 하는 상황에 닥쳤다. 특히 28개의 치아가 다 자란 후 맨 마지막에 나는 사랑니가 자랄 수 있는 공간이 턱 없이 부족해졌다. 그 결과 사랑니는 온갖 난리 블루스를 추며 이상한 각도로 날 수밖에 없었다.

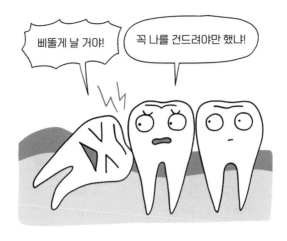

이렇게 좁은 틈을 비집고 자란 사랑니는 어금니를 눌러 통증을 유발한다. 또 칫솔이 닿지 않는 틈새에 음식물이 껴서 세균이 증식하고 치아가 썩어 충치가 되기도 한다. 앞서 말한 진화적 이유가 와전되면서 한때 사랑니가 난 사람을 두고 '진화가 덜 된 인간'이란 이야기가 돌기도 했다.

사실 엄밀히 말하면 진화가 덜 된 게 아니라 치아의 개수가 턱의 진화를 쫓아가지 못했을 뿐이다. 물론 진화가 덜 됐다는 말도 나쁜 뜻은 아니다. 진화는 변화일 뿐 우열을 가리는 기준이 아니기 때문이다.

그런데 여기서 이런 질문을 하는 사람들이 있을 것이다. "음… 난 사랑니 난 적이 없는데?" 그렇다면 당신은 우리나라 인구 중 7%에 속한다. 치과 통계에 따르면 우리나라 인구의 7%는 사랑니가 전혀 나지 않고, 성인의 약 30%는 턱이 충분히 커서 사랑니가 보통

어금니처럼 바르게 난다. 이런 사람은 굳이 사랑니를 뽑지 않아도 된다. 오히려 멀쩡한 사랑니를 무턱대고 뽑았다간 신경이 손상될 위험이 있다.

사랑니가 사라진 이유

그렇다면 인류 진화사에서 사랑니는 언제부터, 그리고 왜 사라지기 시작했을까? 프린스턴대학교의 인류학자 앨런 만Alan Mann 박사는 약 30만~40만 년 전부터 사랑니가 나지 않는 인류 화석이 발견된다며, 아마 이때부터 사랑니를 형성하는 유전자에 변이가 일어났을 거라고 주장한다.

앨런 박사는 사랑니가 없는 개체는 사랑니로 인한 통증과 염증을 덜 겪는다는 측면에서 생존에 유리하기 때문에 이런 유전자가 집단 내에서 잘 퍼져나갔을 거라고 추측했다.

또 앨런 박사는 최근 부드러운 음식들이 우리의 식단을 차지하게 되면서 후천적으로 턱을 덜 쓰게 됐고, 결국 턱이 더 좁아져 미국인의 10~25%는 사랑니가 전혀 나지 않는다고 설명했다. 특히 얼굴이 납작하고 턱이 짧은 아시아계 미국인의 경우 무려 40%가 사랑니가 아예 없다고 밝혔다.

여러분의 사랑니는 어떤 모습으로 나 있는가? 곧 사랑니를 뽑을 예정인가? 그렇다면 지레 겁을 먹기보다 뇌가 커져 불로 요리를 해 먹으면서 턱이 작아진…, 음… 이런 말은 좀 그렇지만, "빌어먹을!" 한 마디 하고 조상 탓을 하며 이겨내는 건 어떨까?

가장 미스터리한 고대 인류, 호모 날레디에 대하여

2013년 고인류학자 리 로저스 버거 박사는 좁은 통로를 통과해 챔버(동굴빙)로 갈 수 있는 사람을 모집한다.

'지하 우주 비행사'라는 별칭이 붙은 6인의 탐사대. 그들은 폭이 20~50cm밖에 안 되는 마의 구간인 '용의 허리' 통로를 지나 '디 날레디' 챔버에 도착하는 데 성공한다.

이곳에서 15개체에 해당하는 1,500여 점의 고인류 뼈 화석들이 발견됐다. 분석 결과 놀랍게도 이 뼈들은 그동안 발견된 적 없는 새로운 고인류 화석이었다.

연구진은 이 인류의 이름을 '별'이란 뜻이 담긴 '날레디'를 붙여 '호모 날레디'로 명명했다. 이 발견으로 고고학계는 한껏 들썩이게 된다.

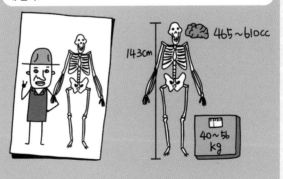

오스트랄로피테쿠스와 호모 사이, 호모 날레디

2013년 동굴 탐험가인 릭 헌터Rick Hunter와 스티븐 터커Steven Tucker는 남아프리카공화국의 '라이징 스타Rising Star'라는 동굴에서 고인류의 뼈로 추정되는 화석 몇 점을 발견한다. 그들은 이것을 고인류학자인 리 로저스 버거Lee Rogers Berger에게 전달했다. 동굴 깊숙한 곳에 더 많은 화석이 있을 거라고 직감한 버거 박사는 이곳을 집중적으로 탐사하기로 결심한다. 비록 화석이 있을 것으로 추정되는 '디 날레디 챔버Dinaledi Chamber'로 가는 통로가 매우 비좁아 여성 탐사대원을 선발하는 등의 우여곡절이 있었지만, 결국 그곳에서 새로운 인류인 '호모 날레디Homo Naledi'를 발견한다.

호모 날레디의 뇌 용량은 오스트랄로피테쿠스보다 조금 큰 465~610cc였다. 처음에 연구진은 작은 뇌 때문에 이들을 오스트랄로피테쿠스속으로 분류해야 하나 고민했다. 하지만 두개골 모양이 이들보다 둥글고 높은 데다 두개골 속에 있는 뇌의 형태 엔도캐스트Endocast에서 뇌 주름의 패턴이 침팬지나 오스트랄로피테쿠스보다 현생 인류와 굉장히 유사했다. 이를 바탕으로 뇌 용량이 작음에도 불구하고 이들은 호모속에 가깝다고 결론 내렸다. 즉 뇌의 크기는 작아도 뇌 속의 신경 시스템은 꽤 정교했을 거라고 판단한 것이다.

사실 호모 날레디는 뇌뿐 아니라 발뼈 역시 직립보행에 적합하며 그 모양이 현생 인류인 호모 사피엔스와 무척 비슷했다. 치아 역시 배열된 형태와 어금니의 크기 면에서 호모속에 가까웠다.

물론 이들에겐 오스트랄로피테쿠스의 특징도 있다. 갈비뼈가 비슷하며, 긴 엄지손가락과 많이 구부러진 손가락은 이들이 오스트랄로피테쿠스처럼 나무에 올랐음을 보여주는 증거다. 한 마디로 초기 호모속과 오스트랄로피테쿠스의 특징이 섞인 '모자이크' 화석이었다.

이렇게 보면 새롭게 발견된 고인류 그 이상도 그 이하도 아닌 것 같은데, 어째서 이 화석이 과학자들에게 큰 충격을 준 걸까?

[호모속을 닮은 발과 오스트랄로피테쿠스를 닮은 손]

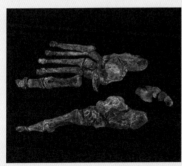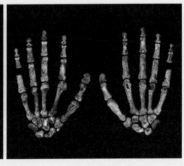

출처 | 위키백과

23만 년 전까지 생존했던 호모 날레디

첫 번째 이유는 바로 이들이 살았던 시기다. 처음에 화석을 본 버거 박사는 이들이 작은 뇌와 작은 키, 또 오스트랄로피테쿠스와 호모 속의 특징을 동시에 지닌 것으로 봤을 때 이들을 200만 년 전쯤에 살던 인류라고 생각했다. 만약 그렇다면 앞서 나온 특징들은 모두 납득할 수 있다.

그러나 2017년 지질학자인 폴 덕스Paul Dirks 교수는 호모 날레디가 묻힌 퇴적층의 연대가 고작 33만~23만 년 전이라는 사실을 밝혀낸다. 즉 이들은 43만 년 전쯤 출현한 네안데르탈인이나 30만 년 전쯤 출현한 호모 사피엔스와 동시대를 살았던 것이다. 과학자들은 혼란에 휩싸였다. 왜냐하면 기존에는 약 100만~50만 년 전부

터 뇌가 큰 현생 인류가 아프리카에 대거 등장했고, 이 때문에 당시 뇌가 작고 왜소한 고인류가 모두 자취를 감췄다고 생각했기 때문이다. 하지만 호모 날레디의 발견으로 아프리카에 꽤 최근까지 다양한 형태의 호모속이 살았을 가능성이 높아진 것이다.

15인의 호모 날레디는 왜 한곳에서 발견됐을까?

그런데 호모 날레디에겐 이보다 더 미스터리한 사실이 숨어 있다. 앞서 디날레디 챔버에서 발견된 화석이 1,500여 점이 넘고, 15개체라고 했다. 호모 날레디를 발굴한 연구진들은 이를 두고 의문에 사

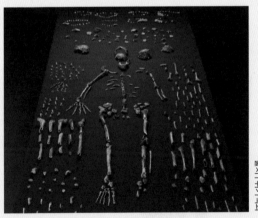

디날레디 챔버에서 발굴된 호모 날레디 화석은 1,500여 점에 이르고, 15개체에 달한다. 한 자리에서 이렇게 많은 인류 화석이 발굴된 것은 흔치 않은 일이다.

로잡혔다. '도대체 이 많은 뼈가 어떻게 동굴로 들어왔을까?'란 궁금증이다.

처음에는 홍수로 인한 자연재해로 수많은 뼈가 물에 휩쓸려 동굴로 들어왔을 거라는 견해가 지배적이었다(1번 가설). 하지만 이는 바로 반박당했다. 호모 날레디의 뼈와 동굴의 퇴적층에서 물에 침수된 흔적이 발견되지 않았기 때문이다. 또 만약 홍수가 있었다면 호모 날레디의 뼈뿐만 아니라 물에 함께 휩쓸려 온 다른 동물들의 뼈도 함께 발견되어야 한다. 그런데 이 동굴에는 오직 호모 날레디, 단 한 종의 뼈만 있었다.

이후 육식동물이 이들을 사냥해 동굴 속으로 끌고 와 잡아먹었다는 가설이 제기됐다(2번 가설). 이 역시 호모 날레디의 뼈에서 포

[호모 날레디가 한곳에서 발견된 이유들(가설)]

식자의 이빨 흔적이 전혀 발견되지 않아 금세 묻혔다. 끝으로 호모 날레디가 동굴 속으로 추락사하면서 수많은 유해가 한꺼번에 묻혔다는 의견도 있었다(3번 가설). 하지만 이 주장 또한 호모 날레디의 뼈에 추락으로 인한 부상의 흔적이 없고, 동굴 입구의 방향이 당시에는 수직이 아닌 것으로 판명되면서 기각됐다.

장례 문화를 갖고 있었던 호모 날레디

그렇다면 한 동굴에 묻힌 이 많은 뼈들을 어떻게 설명할 수 있을까? 놀랍게도 버거 박사는 이 화석들이 호모 날레디의 '장례 문화' 흔적이라고 밝혔다. 그의 주장은 학계를 발칵 뒤집었다. 왜냐하면 30만 년 전의 고인류, 그것도 뇌 용량이 600cc에 불과한 녀석들이 우리 현생 인류만의 고유문화인 장례 풍습을 지녔다는 사실을 납득하기 어려웠기 때문이다.

죽은 동료를 보고 슬퍼하는 행동은 다른 동물 사이에서도 종종 관찰되지만, 누군가가 죽은 다음 그 시체를 따로 묻는 행위는 오직 현생 인류, 호모 사피엔스만이 가진 특징이다. 죽은 이를 어떤 특정 공간에 묻는다는 의미는 산 자와 죽은 자의 시공간이 구분돼 있다는 믿음에서 비롯된다. 이는 현재 자신이 속한 세계 외에 또 다른 세계(이를테면 사후세계)가 있다고 상상할 수 있는 능력으로 이어진다. 이를 '추상적 인지'라고 하는데, 그동안 우리 인간만이 지닌 특

[동굴 속으로 죽은 자를 떠나보내는 호모 날레디]

징으로 여겨졌다. 그래서 과학자들은 장례 문화는 현생 인류만큼 뇌가 커진 후에 등장했다고 생각했다.

인류와 가장 가까운 네안데르탈인조차 장례 문화를 지니고 있었는지에 대해 아직도 논란이 많다. 하물며 이들의 절반도 안 되는 크기의 뇌를 지닌 호모 날레디에게 장례 문화가 있었다니, 도통 믿기 힘들 수밖에 없다.

하지만 버거 박사는 《올모스트 휴먼》이란 책에서 장례 풍습 외에는 호모 날레디의 화석이 집단 매장된 이유를 설명하기 어렵다고 피력했다. 또 뇌 구조와 신체 특징 등 전반적인 호모 날레디의 특성으로 미루어 볼 때 초기 호모 날레디에서 지금의 호모 날레디와 현생 인류(호모 사피엔스)가 분기되어 나왔을 수 있다고 주장했다. 그러면서 호모 날레디가 호모 사피엔스의 직계 조상일 수 있다는 파격적인 주장을 펼치기도 했다. 물론 이와 같은 버거 박사의 주장은 아직 가설이며 논쟁 중이다.

답은 당시 살았던 호모 날레디만 알고 있겠지만, 안타깝게도 죽은 자는 말이 없는 법이다. 우연의 일치겠지만 한 가지 재미있는 지점은 가장 복원이 잘 된 호모 날레디 개체의 별명이 '네오'라는 사실이다. 영화 〈매트릭스〉의 '네오'는 빨간약을 선택해 꿈과 현실을 구분할 수 있게 됐다. 과연 30만 년 전의 '네오'는 이승과 저승을 구분할 수 있는 존재였을까?

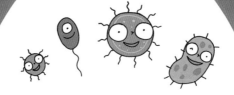

Chapter 5

당신이
미처 몰랐던
기후환경 이야기

공룡 멸종이 아마존 밀림을
탄생시켰다고?

지구 생태계에서 매우 중요한 역할을 하는 이곳, 바로 아마존이다.

'정글'과 '밀림'이 가장 잘 연상되는 곳. '지구의 허파'라는 별명답게 3,900억 그루의 나무와 수백만 종의 동물이 살고 있는 생물다양성의 끝판왕이다.

특히 숲이 우거져 지붕 모양의 덮개를 형성한 모습을 '캐노피'라고 하는데, 지금의 아마존은 캐노피 밀도가 무척 높다.

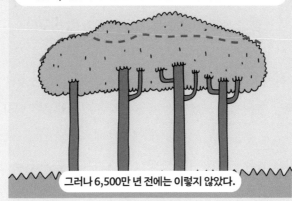

그러나 6,500만 년 전에는 이렇지 않았다.

공룡시대의 아마존은 소철류와 침엽수 같은 겉씨식물이 간격을 두며 자라서 하늘을 가릴 만한 빽빽한 숲이 조성되지 않았다. 대신 고사리 같은 양치류가 주를 이뤘다. 그렇다면 과연 무엇이 지금의 아마존을 만들었을까?

소행성 충돌, 아마존의 식물 종류를 확 바꾸다

지금의 아마존은 단 하나의 사건으로 탄생했다. 바로 6,500만 년 전의 소행성 충돌이다. 느닷없이 지구로 날아온 소행성은 멕시코 유카탄 반도에 충돌했고, 이로 인해 대규모의 지진과 함께 하늘에서는 열기에 녹은 뜨거운 유리질 암석들이 비처럼 쏟아졌다. 그리고 세계 곳곳에서 대규모의 산불이 일어났다.

충돌로 인한 분진과 미세먼지는 삽시간에 지구를 덮어 햇빛을 차단했다. 모든 숲은 쑥대밭이 됐다. 당연히 식물을 근간으로 살던 거대한 초식 공룡들도 맥없이 쓰러졌다. 충돌 지역과 가까웠던 아마존은 피해가 더 막심했을 것이다. 그런데 이런 대멸종이 어떻게 지금의 아마존을 만들었을까?

2021년 4월, 미국 파나마에 있는 스미스소니언 열대연구소의 모니카 카르발로Monica Carvalho 박사는 콜롬비아 전역에서 5만 개의 꽃가루 알갱이와 6,000개의 식물 화석을 수집해 분석했다. 그는 분

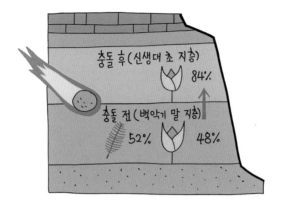

[소행성 충돌로 달라진 지층별 식물종의 비율]

석 중 재미있는 사실을 발견했다. 소행성이 충돌하기 전의 백악기 지층에서는 양치류(고사리 등)와 겉씨식물(소나무, 잣나무 등)이 52%, 속씨식물(버드나무, 난초 등)이 48%의 비율로 분포했다. 반면 소행성 충돌 직후의 지층에서는 속씨식물 화석의 비율이 무려 84%까지 급증했다. 소행성 충돌이 아마존의 식물상을 180도 바꿔놨다는 뜻이다.

속씨식물이 아마존을 점령한 이유

그런데 좀 이상하지 않은가? 소행성이 충돌하면서 속씨식물, 겉씨식물 가릴 것 없이 대부분의 식물이 사라졌을 텐데… 어떻게 유독 속씨식물만 빠르게 번성해 열대림을 만들 수 있었을까?

카르발로 박사가 이끄는 연구진은 첫 번째 이유로 '비료의 공급'을 꼽았다. 운석이 충돌하면서 발생한 먼지구름과 잿더미에는 식물 성장에 필요한 '인P'이 다량 함유돼 있다. 이 먼지가 땅으로 가라앉으면서 인이 토양에 공급되기 시작했다. 여기서 재미있는 사실. 인이 풍부하고 비옥한 토양에서는 겉씨식물보다 속씨식물이 더 빠르게 생장한다. 즉 인의 공급은 폐허가 된 아마존 토양에서 속씨식물이 우점종이 될 수 있는 환경으로 작용한 것이다.

또 7,500만 년 전부터 다양해지기 시작한 콩과식물(속씨식물)은 뿌리에 서식하는 뿌리혹박테리아의 도움으로 공기 중의 질소를 고정시킬 수 있다. 이 때문에 더 빠르게 아마존의 빈 생태적 틈새를 속씨식물이 채울 수 있었다. 그렇게 아마존은 대멸종 후 600만 년

출처 | 아키미디어

콩과식물의 뿌리에 사는 뿌리혹박테리아는 공기 중의 질소를 고정해 식물이 질소 화합물을 만드는 데 도움을 준다.

동안 속씨식물로 차츰 채워지기 시작했다.

그런데 아마존 열대림 형성에 있어 가장 중요한 요소는 따로 있다. 바로 '공룡의 멸종'이다. 카르발로 박사는 대멸종 이전에는 거대한 초식 공룡이 우뚝 솟은 나무의 잎사귀를 뜯어 먹었기 때문에 숲의 캐노피Canopy 밀도가 낮게 유지되고, 햇빛이 지면에 골고루 닿았다고 설명했다. 그러나 공룡이 멸종하면서 속씨식물의 잎사귀를 대량으로 먹어 치울 동물들이 사라졌다. 결국 공룡의 멸종이 속씨식물의 번성을 가속화했다는 뜻이다. 이후 아마존 밀림은 차츰 빽빽한 숲으로 뒤덮이기 시작했다.

캐노피 밀도 차이를 어떻게 알아냈을까?

그런데 여기서 궁금한 점이 하나 생긴다. 도대체 백악기 이전에는 숲의 캐노피 밀도가 낮았고 그 이후에는 숲의 캐노피 밀도가 높아졌다는 사실을 어떻게 알아냈을까? 답은 '탄소 동위원소의 비율'에 있다. 빽빽한 숲에서는 키가 큰 식물만 햇빛을 많이 받기 때문에 위쪽 식물과 아래쪽 식물의 탄소 동위원소의 비율이 달라진다. 반면 개방된 숲에서는 모든 식물이 햇빛을 골고루 받아 어느 식물이든 탄소 동위원소의 비율이 같다.

그런데 대멸종 이전의 아마존 식물 화석에서 추출한 탄소 동위원소의 비율은 높이 자란 식물이든 아래쪽에 사는 식물이든 큰 차이 없이 비슷했다. 이는 대멸종 이전의 아마존 숲은 개방형이었기 때문에 모든 식물이 골고루 햇빛을 받으면서 성장했음을 의미한다.

숲 아래가 보이지 않을 정도로 캐노피로 가득 찬 아마존 열대우림은 백악기 소행성 충돌로 인한 대멸종으로부터 시작되었다.

반면 대멸종 이후의 식물 화석군에서는 탄소 동위원소의 비율 차이가 컸다. 이 시기에는 키 큰 나무들이 햇빛을 가려 아래쪽에 사는 식물은 광합성량이 부족했기 때문이다. 이는 아마존이 대멸종 이후 빽빽한 숲으로 변했다는 것을 말해준다.

간단히 정리하자면 소행성 충돌 이후 토양에 공급된 다량의 인과 콩과식물의 번성, 그리고 그리고 수많은 잎사귀를 먹어 치웠던 공룡의 멸종이 지금의 아마존을 만들었다.

이토록 장엄하고 울창한 지금의 아마존이 백악기 대멸종으로부터 시작됐다는 사실이 정말 아이러니하게 다가오지 않는가? 얽히고설켜 끝없이 변하는 지구의 생태계는 놀라움 그 자체다.

회색곰과 북극곰의 잡종은
어떻게 탄생했을까?

2006년 사냥꾼 짐 마텔은 캐나다 북쪽에서 북극곰 한 마리를 사냥한다. 그런데 이 곰은 북극곰의 털과 회색곰의 얼굴 생김새를 하고 있었다.

북극곰 사냥은 합법이고, 회색곰 사냥은 불법인데…. 얘는 대체 북극곰이야 회색곰이야?

사냥한 곰의 DNA 결과가 나왔습니다!

쾅!

이 곰은 수컷 회색곰(Grizzly)과 암컷 북극곰(Polar Bear) 사이에서 태어난 잡종인 '그롤라 베어(Grolar Bear)'입니다.

그래서 털 색깔은 영락없이 북극곰이지만 긴 발톱과 혹처럼 곱은 등, 짧은 주둥이와 쫑긋 솟은 귀 같은 얼굴 생김새는 회색곰에 가까웠군.

그래서 저는 불법이에요, 아니에요?

그롤라 베어의 발견

2004년 독일의 한 동물원에서 북극곰과 회색곰의 잡종이 태어난 사례는 있었다. 하지만 야생에서 잡종 곰이 발견된 건 짐 마텔Jim Martell의 사례가 처음이다. 이는 단순한 우연이 아니다. 이후 2010

털은 북극곰처럼 흰색이지만 둥근 얼굴과 쫑긋 솟은 귀, 짧은 코는 회색곰의 모습이다.

년 또 다른 그롤라 베어가 발견됐고, 2012년과 2014년 사이에 무려 6마리의 잡종 곰이 발견됐다.

그러던 2014년, 야생동물 탐험가인 제이슨 매튜스Jason Matthews 와 케이시 앤더슨Casey Anderson은 실제로 이들이 야생에 존재하는 지 확인하기 위해 알래스카로 탐사를 떠났다. 그들은 우여곡절 끝에 잡종 곰으로 추정되는 녀석의 모습을 카메라에 담아내는 데 성공한다. 왼쪽 사진에서 보다시피 털은 북극곰처럼 흰색이지만 둥근 얼굴과 쫑긋 솟은 귀, 그리고 짧은 코는 영락없이 회색곰의 모습이었다.

그들은 촬영한 사진을 현지에서 바로 캘리포니아대학교(산타크루즈)의 진화생물학자인 베스 샤피로Beth Shapiro 교수에게 전달해 자문을 요청했다. 그는 이 사진을 보고 이렇게 말했다. "이거 진짜예요? 이건 혼혈종이 있다는 확실한 증거예요! 이런 곰은 처음 봤어요."

그리고 이런 일련의 상황들은 많은 생물학자를 흥분시키기에 충분했다. 왜냐하면 야생에서 잡종이 탄생하는 현상(특히 포유류)은 생물학적으로 흔치 않기 때문이다.

특히 뒷장에 있는 지도에서 보다시피 회색곰과 북극곰은 서식지가 거의 겹치지 않는다. 그런데도 이들이 야생에서 교배를 했다는 건 둘을 격리시켰던 어떤 장벽이 깨지기 시작했다는 뜻이다. 대체 북극에서 무슨 일이 벌어진 걸까?

[북극곰과 회색곰의 서식지 지도]

서식지가 겹치지 않는데, 교배를 했다는 건….

■ 회색곰 서식지
■ 북극곰 서식지

잡종 곰은 어떻게 탄생했을까?

과학자들은 잡종 곰의 등장 원인으로 '지구온난화'와 '숲의 난개발'을 지목했다. 즉 지구가 점차 더워지고 북극의 빙하가 녹자 서식지와 사냥터를 잃은 북극곰이 어쩔 수 없이 아래쪽으로 내려오게 됐다는 설명이다. 마찬가지로 회색곰 또한 광산과 도로 건설 등으로 숲이 개발되면서 기존 서식지가 축소됐다. 회색곰은 다행히(?) 북극해 지역이 따뜻해진 덕분에 자연스레 위쪽으로 서식지를 옮길 수 있었다. 그 결과 이 둘이 마주치는 일이 많아졌을 거라는 주장이다.

실제로 알래스카 카크토빅의 이누이트족은 고래를 사냥한 후 지방과 살점을 발라내고 남은 뼈를 버리는데, 예전에는 이 뼈 더미를 북극곰이 차지했다. 그런데 최근에는 버려진 뼈 더미에서 회색곰을 목격하는 일이 잦아지고 있다고 한다. 미국 미국 몬태나대학교의 크리스 서빈Chris Servheen 교수는 이런 고래 사체(먹이)가 만남의 광장 같은 역할을 했고, 이곳에서 둘의 교배가 이뤄졌을 가능성이 높다고 언급했다.

그리고 2021년 미국 밴더빌트대학교의 생물학자 라리사 드산티스Larisa DeSantis 박사는 머지않은 미래에 잡종 곰인 그롤라 베어가 북극곰을 대체할지도 모른다고 주장했다. 회색곰은 사슴이나 다람쥐, 연어뿐 아니라 때에 따라 곤충, 식물의 뿌리, 풀, 음식물 쓰레기까지 먹는 잡식성 동물이다. 그롤라 베어 역시 두개골 형태가 회색곰과 비슷하기 때문에 식성도 닮았을 것으로 보고 있다. 만약 그렇다면 북극의 해빙이 점차 녹아가는 지금 시점에서 바다표범이나 물범 사냥에만 익숙한 북극곰보다 잡식성인 그롤라 베어의 생존 확률이 더 높아질 수 있다. 즉 점차 따뜻해지는 기후는 북극곰을 밀어내고, 이들의 빈자리를 잡종 곰이 대체할 수 있다는 의견이다.

잡종 곰이 번식할 수 있다고?

자~ 그런데! 여기서 한 가지 이상한 생각이 든다. 보통 우리가 아는 잡종은 당나귀와 말 사이에서 태어난 노새처럼 생식 능력이 없어 자연에서 도태되기 쉽다. 그런데 왜 과학자들은 그롤라 베어 같은 잡종이 성공적으로 번식할 수 있다고 생각할까? 답은 '근연도(동일한 유전자를 공유할 확률)의 차이'에 있다.

　말과 당나귀는 약 200만 년 전에 분기되어 각자의 길을 걷는 과정에서 염색체가 재배열됐다. 그 결과 말의 염색체는 64개, 당나귀는 62개다. 이 둘 사이에서 태어난 노새(혹은 버새)는 말에서 32개, 당나귀에서 31개의 염색체를 받는다. 따라서 총염색체 숫자는 63개로 홀수다. 결국 노새는 상동염색체(어버이로부터 각각 한 개씩 물려받은 모양과 크기가 같은 한 쌍의 염색체)의 짝이 맞지 않아 생식을 위한 감수분열을 일으키지 못해 후손을 낳지 못한다(예외는 있음).

[그롤라 베어의 감수분열 가능성]

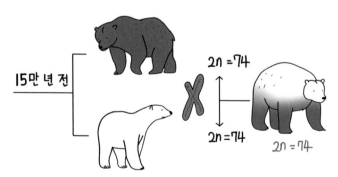

그런데 그롤라 베어는 얘기가 다르다. 회색곰과 북극곰은 상대적으로 짧은 약 15만 년 전에 분기했기 때문에 유전적으로 유사하다. 또 염색체 개수도 74개로 동일하다. 따라서 이들로부터 태어난 잡종 곰 역시 74개의 염색체를 지니고 있어 성공적인 번식이 가능하다. 즉 그롤라 베어의 행동과 형질이 변화하는 환경에 적합하다면 충분히 북극곰의 자리를 위협할 수 있다는 이야기가 된다.

또 다른 교잡종, 나루가 이야기

이와 비슷한 예로, 일각고래와 벨루가의 교잡종인 '나루가Narluga'가 있다. 1990년대 매드 피터Mads Peter Heide-Jorgensen 박사는 한 이누이트족 사냥꾼의 창고에서 생전 처음 보는 고래 두개골을 발견했다. 이때 그는 막연하게 이것이 벨루가와 일각고래의 교잡종일 거라고 생각했다. 그도 그럴 것이 두개골의 형태가 이 둘과 비슷했고, 벨루가처럼 짧은 이빨을 여러 개 가진 데다 그 형태가 뒤틀리며 앞으로 뻗어 나온 모습이 꼭 일각고래와 빼닮았기 때문이다. 그리고 피터 박사는 30년이 지나서야 이 녀석의 DNA를 세밀하게 분석하는 연구를 수행하게 됐다. 놀랍게도 그의 추측대로 이 종은 일각고래와 벨루가의 교잡종이 맞았다.

현재 많은 과학자들은 잡종 곰과 마찬가지로 북극해의 빙하가 녹기 시작하면서 일각고래와 벨루가의 서식지가 상당 부분 겹치게

됐고, 그로 인한 교잡으로 나루가가 등장했다고 주장한다. 물론 일각고래와 벨루가도 염색체 개수가 같아 나루가 역시 원활한 번식이 가능할 것으로 보인다.

그리고 2018년에는 'GREMM'이란 해양포유류 연구단체에서 실제로 어린 일각고래 수컷이 벨루가 무리에 들어가 함께 어울리며 수영하는 모습을 관찰하는 데 성공했다. 이를 통해 나루가의 존재가 거의 사실로 굳어졌다.

현재 나루가는 20마리 정도 관찰된다고 보고되고 있다. 코펜하겐대학교 글로브연구소의 엘린 로렌젠Eline Lorenzen 박사는 이들의 이빨에서 추출한 탄소 동위원소를 분석한 결과, 일각고래나 벨루가보다 해마와 상당히 유사하다는 사실을 밝혀냈다. 그는 이를 통해 나루가의 주식단은 해저에 사는 조개 같은 무척추동물일 거라고 추정했다. 먹이를 흡입하는 일각고래나 물고기를 사냥하는 벨루가와 전혀 다른 전략으로 환경에 적응하고 있는 셈이다. 이런 적응 형질이 나루가의 생존에 특별한 이점을 줄 수 있는지에 대해선 아직 밝혀지지 않았다. 그래서 앞으로 이들이 변화하는 북극해의 환경 속에서 조상 종을 제치고, 새로운 우점종이 될지 두고 볼 일이다.

진화는 곧 잡종의 역사

기후 변화는 우리에겐 비극이지만, 한편으로 새로운 종의 탄생과 진화 과정을 엿볼 수 있는 천재일우의 기회이기도 하다. 그리고 사실 이런 잡종은 큰 비극이라 할 수도 없고, 이들을 마치 괴물로 취급할 일은 더더욱 아니다. 왜냐하면 잡종은 '진화'란 틀 안에서 나타나는 자연스러운 현상이기 때문이다.

심지어 우리 역시 잡종의 후예다. 우리 인류 몸 안에는 네안데르탈인의 유전자와 데니소바인Denniswan의 유전자가 공존해 있다. 이는 수십만 년 전 어딘가 비슷하면서도 다른 인류의 선조 사이에서 잡종이 탄생했고, 이 잡종은 또 다른 종들과 유전자를 교류하며 점진적으로 변화했다는 사실을 의미한다. 이러한 잡종의 탄생을 거듭한 결과 지금의 '우리'라는 인류가 등장했다. 어쩌면 진화는 끝없는 잡종의 역사가 아닐까?

남극의 얼음이
모두 녹으면 어떻게 될까?

차가운 얼음의 나라. 엘사에게 겨울왕국이 있다면….

렛잇고~
렛잇고~

펭귄 아니 지구인에게는 지구 최남단 대륙인 남극이 있다.

경치 좋다~

최근에는 지구온난화 이슈로 남극의 얼음이 녹고 있다는 소식이 많이 들려온다.

실제로 남극의 얼음이 모두 녹으면 어떤 일이 벌어질까? 얼음 옷을 벗어 던진 남극의 모습은 어떨까? 남극의 민낯에 대해 알아보자.

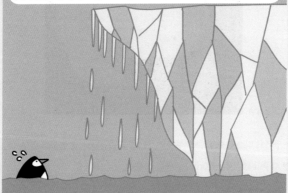

남극의 얼음이 녹으면 생길 어마어마한 변화

남극은 지구에서 다섯 번째로 큰 거대한 대륙이다. 그 넓이는 1,420만km²에 달한다. 호주 대륙보다 거의 2배 크고, 미국은 비교조차

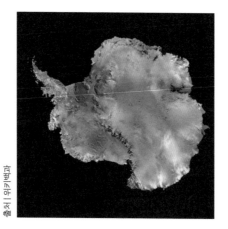

남극은 지구에서 다섯 번째로 큰 대륙으로, 2㎞ 두께의 얼음으로 뒤덮여 있다. 이 얼음이 모두 녹으면 지구의 해수면은 60m나 상승할 수 있다.

안 된다. 남극을 덮고 있는 얼음의 두께는 무려 2km로, 이를 부피로 환산하면 2,840만km³다. 굳이 따지면 지중해의 7.5배에 해당하는 크기다. 이 얼음을 슬라이스 치즈처럼 두께 70m로 얇게 썰면 면적 1,420만km²짜리 얼음이 무려 26조각 나온다. 이는 지구의 바다 전체를 덮을 수 있는 면적이다. 그래서 국립설빙데이터센터에서는 남극을 덮고 있는 엄청난 양의 얼음이 모두 녹으면 지구 해수면이 평균 60m나 상승할 수 있다고 밝혔다.

만약 남극의 얼음이 모두 녹는다는 상상이 현실이 된다면 어떻게 될까? 남극과 가까운 해안 쪽에 위치한 주요 도시는 물론 중국 동부, 남미 대륙의 아마존 유역 등 많은 지역이 바다에 잠겨 10억 명 이상의 환경 난민이 발생할 수 있다. 하지만 재앙은 이제 시작일 뿐이다. 남극 얼음은 소금이 녹아 있지 않은 담수다. 따라서 이 얼음이 모두 녹아 바다로 흘러 들어가면 바닷물의 염도가 대폭 낮아지고, 이런 해양 환경의 변화는 산호를 비롯한 수많은 해양생물을 죽음으로 내몰 수 있다.

더 큰 문제는 해양 대순환의 변화다. 대규모의 해수 순환은 바닷물의 온도와 염도에 따른 밀도 차이에 의해 발생한다. 염도가 떨어지면 해수의 밀도도 변화되어 지구의 해양 대순환이 망가질 수 있다. 해양 순환은 곧 대기 순환과 연관되기 때문에 결국 지구 전체의 날씨가 극심한 변화를 맞이할 수 있다. 마치 영화 〈투모로우〉처럼 지구는 급격한 빙하기를 맞이할지 모를 일이다. 반대로 얼음 속에 갇혀 있던 이산화탄소가 대기 중으로 나오면서 극심한 온난화가 펼쳐질지도 모른다.

얼음이 다 녹은 남극의 모습은?

자, 그렇다면 기후 문제는 둘째 치고 얼음 옷을 벗은 남극은 어떤 모습일까? 2019년 캘리포니아대학교 지구시스템공학자 마티외 모리그헴Mathieu Morlighem 교수는 남극의 얼음층 아래의 지각을 조사해 남극 지도를 새롭게 그린 논문을 발표했다. 이들이 밝혀낸 남극의 실제 모습은 하나의 거대한 대륙이 아니라 호주 크기의 본토 대륙 하나와 말레이 제도 같은 크고 작은 섬으로 나뉘어져 있다. 여러분은 지금 남극의 형태 그대로 땅이 드러나는 모습을 상상하겠지만 그렇지 않다. 사실 모든 얼음이 녹은 남극 대륙은 여러 개의 섬으로 나뉘어져 보일 것이다.

[땅이 드러난 남극의 상상도와 실제 모습]

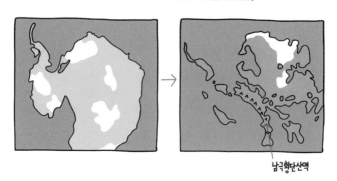

남극횡단산맥

여러 섬으로 쪼개졌다고 해도 남극을 우습게 볼 일은 아니다. 남쪽에는 안데스, 로키, 그레이트 디바이딩 산맥에 이어 세계에서 네 번째로 긴 산맥인 '남극횡단산맥Transantarctic Mountain Range'이 웅장함을 뽐낼 것이다. 북서쪽 위에 자리 잡은 섬만 하더라도 영국이나 뉴질랜드보다 크다. 또 남극 대륙에서 가장 높은 산인 빈슨 산괴Vinson Massif(고도 4,892m)는 산 밑의 얼음이 모두 녹을 경우 엄청난 위용을 드러낼 것이다.

여기에 한 가지 재미있는 사실이 있다. 이 남극 지도 역시 시간이 지나면서 점차 변한다는 사실이다. 바로 '빙하 등방성 조정' 때문이다. 지금의 남극 대륙은 두꺼운 빙하에 눌려 아래로 내려앉은 상태다. 만약 지각을 짓누르고 있는 얼음이 모두 사라지면 지각이 서서히 위로 융기하면서 남극 대륙의 지도는 아래와 같이 변할 것이다.

오히려 원래 상상한 모습과 비슷하지 않은가? 실제로 빙하기

[빙하 등방성 조정 후 남극의 모습]

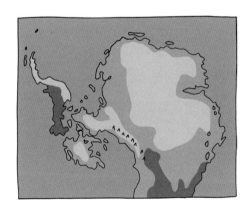

남극의 얼음이 모두 녹으면 어떻게 될까?

직후 핀란드는 대부분의 지역이 물에 잠겨 있었는데, 얼음이 녹고 눌려 있던 지반이 융기하면서 지금의 모습을 갖추게 됐다.

얼음이 사라진 남극에서 무엇을 할 수 있을까?

이렇게 얼음이 사라진 남극 대륙에서 우리 인류는 무엇을 할 수 있을까? 아마 농사는 짓기 어려울 것 같다. 남극의 지반은 고운 점토가 아니라 대부분 자갈로 이루어졌기 때문이다. 대신 과거 19세기 미국에서 펼쳐졌던 골드 러쉬Gold Rush(금광이 발견된 지역으로 사람들이 몰려드는 현상)가 이제 남극을 향할 것이다.

　남극은 아주 먼~ 옛날, 그러니까 4억 2,000만 년 전쯤 아프리카, 인도, 호주, 남미, 아라비아와 함께 '곤드와나Gondwana'라는 거대

[남극의 자원을 향해 가는 사람들]

　　　　　　　Chapter 5. 당신이 미처 몰랐던 기후환경 이야기

한 대륙을 형성했다. 남극과 붙어 있었던 각 대륙에서 금, 다이아몬드, 석유 등 각종 지하자원이 지금도 발견되곤 한다. 따라서 남극 대륙 밑에도 석유를 비롯한 금, 구리, 백금, 우라늄 등 각종 지하자원이 풍부하게 매장되어 있을 가능성이 높다. 여러 국가나 기업들이 이 자원을 차지하기 위해 앞다퉈 몰려드는 건 불 보듯 뻔한 일이다.

하지만 해수면 상승으로 고향을 등진 환경 난민이 많아질 테니 남극 개발로 얻는 경제적 이득의 일부는 이들에게 돌아갈 가능성도 있지 않을까? 또 추운 기후를 감내할 수 있는 일부 난민은 남극에 새로운 국가를 만들어 달라고 제안할지도 모른다. 물론 어디까지나 상상이지만 말이다.

사라진 얼음과 깨어난 질병

사실 남극의 얼음이 모두 녹고 난 뒤 진짜 큰 문제는 따로 있다. 바로 신종 전염병이다. 남극은 코로나19COVID-19 팬데믹(세계적 대유행) 때 '코로나 청정지역'이라 불렸다. 하지만 모든 얼음이 녹는 순간 동토층 안에 갇혀 있던 미지의 병원균들이 깨어날 위험이 있다.

실제로 2014년 시베리아 영구 동토층에서 '피토 바이러스Pithovirus'라는 거대 신종 바이러스가 발견된 적이 있다. 또 2016년에는 이상 고온으로 시베리아 동토층이 녹으면서 얼어 있던 동물 사체에서 탄저균이 깨어나 퍼지면서 순록 2,300마리가 떼죽음을 당하는

사건이 벌어지기도 했다. 이뿐만이 아니다. 2020년 오하이오주립대학교의 지핑저우Zhi-ping Zhong 연구원은 티베트 고원에서 채취한 빙하에서 28개속의 새로운 바이러스 유전자를 발견하기도 했다.

이를 고려하면 남극 동토층에 인류가 한 번도 접하지 못한 바이러스가 있을 가능성이 높다. 어쩌면 이들 중에서 인류를 위기에 빠뜨릴 무시무시한 녀석이 나올지도 모른다.

지금도 남극에서는 매년 690억 톤의 얼음이 녹아내리고 있다. 최근 6년간 LA 크기만큼의 빙붕이 사라졌다. 하지만 앞서 말한 것처럼 하루아침에 남극의 모든 얼음이 녹는 일은 벌어지지 않는다. 그럼에도 수억 년의 시간이 지나면 판의 이동으로 남극 대륙의 얼음이 녹는 날은 분명 올 것이다. 얼음이 녹고 오랜 시간이 흐른 뒤 숲으로 뒤덮인 남극의 모습은 어떨까? 또 그곳엔 어떤 생물들이 뛰어 놀고 있을까?

요즘 왜 오존층 파괴 소식이 들리지 않을까?

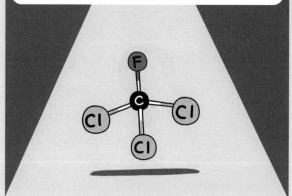

그러나 프레온가스는 오존층을 파괴하는 치명적인 약점을 갖고 있다. 그 후 프레온가스는 서서히 퇴출 수순을 밟았는데….

그런데 왜 요즘은 지구온난화와 달리 오존층 파괴 이야기가 도통 들리질 않는 걸까? 이제 프레온가스 문제는 모두 해결된 걸까?

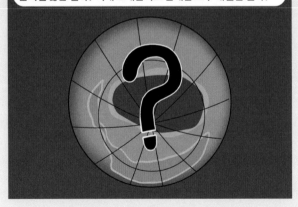

획기적인 냉매제 CFC의 등장

때는 1928년, 미국의 화학자 토머스 미즐리Thomas Midgley는 기적과 같은 냉매물질을 개발한다. 일명 '프레온가스'로 불리는 염화불화 탄소 'CFCChloro Fluoro Carbon'다. 그는 한 과학 콘퍼런스에서 CFC가 인체에 안전하다는 것을 알리기 위해 직접 이 기체를 들이마신 후 촛불을 끄는 시연을 선보였다.

이렇게 혜성처럼 등장한 CFC는 냉동산업 시장의 판도를 바꿨다. 기존 냉장고에 사용되던 프로판이나 암모니아처럼 유독하고 폭발 위험이 있는 물질들이 CFC로 완전히 대체되기 시작했다. 무독성과 가성비로 무장한 CFC는 냉동산업을 비롯해 냉장고, 에어컨, 소화기, 헤어스프레이 등에 사용되면서 생활 전반에 깊숙이 파고들어 삶을 윤택하게 만들었다.

그러나 약 40년이 지난 1974년,《네이처》에 발표된 논문 하나에 학계가 술렁였다. 바로 CFC가 성층권으로 올라가 유해 자외선을 막아주는 오존층을 파괴한다는 내용이었다. 당시 논문 저자인 화학자 셔우드 롤런드Sherwood Rowland와 마리오 몰리나Mario J. Molina는 자외선을 받아 CFC에서 떨어져 나온 염소 원자가 오존 분자를 지속적으로 분해한다고 주장하면서 CFC의 사용 규제를 외쳤다.

[CFC의 오존층 파괴 과정]

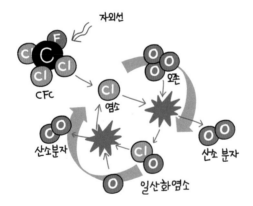

CFC의 유해성 논란

하지만 일부 CFC 관련 회사들은 이들의 연구가 실험실에서만 이루어졌기 때문에 실제 오존층을 파괴한다는 증거로 볼 수 없다며 반대 입장을 표명했다. 일각에서는 CFC와 오존층 파괴를 연관 짓는 건 공상과학 소설과 같다고 치부하기도 했다. 그래서 당시 CFC 주요 생산국이던 미국에서는 CFC 규제 정책을 두고 암암리에 기업들의 로비가 이뤄지곤 했다.

그러나 다행히도 미국 정부는 CFC의 위험성을 인지했고, 캔에 들어가는 모든 에어로졸에 CFC 사용을 전면 금지했다. 이런 노력 덕분에 1970년대 중반에는 CFC의 생산량이 소폭 줄어들었다.

그런데 문제는 CFC가 일부 국가의 노력만으로 해결되지 않는다는 사실이다. 특히 오존층 파괴에 대한 명확한 과학적 증거가 부

[CFC 사용량 그래프]

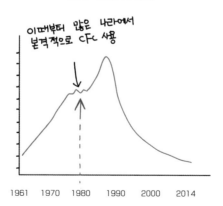

족해 국제사회의 합의를 이끌어내기 어려웠다. 그로 인해 1980년대에 이르자 개발도상국을 비롯한 많은 나라에서 CFC를 사용하게 됐고, 그 결과 CFC의 생산량은 다시 늘어나기 시작했다.

당시 CFC의 생산량을 줄이고 오존층 파괴를 막기 위해 CFC의 유해성을 입증하는 추가 연구와 이를 바탕으로 한 전 세계적인 합의가 필요했다. 그리고 이런 합의를 위해 무엇보다 CFC의 위험성에 대한 인식이 사회 전반에 널리 퍼져야 했다.

CFC가 오존층에 구멍을 뚫다

그러던 1985년 5월, 《네이처》에 전 세계를 강타하는 논문이 실린다. '오존층에 구멍이 뚫렸다!'라는 내용이다. 기상학자 조나단 샨클린Jonathan Shanklin은 이 논문에서 CFC 때문에 1981년부터 매년 대기 중 오존 수준이 10~20%씩 감소하고 있다며 이를 두고 오존층에 '구멍'이 생겼다고 언급했다. 더불어 같은 해 8월, 나사NASA의 위성이 남극의 오존 분포량을 직접 촬영했는데, 6년 남짓한 시간 동안 줄어든 오존 면적이 러시아 땅과 비슷하다는 사실이 드러났다. 즉 1970년대에 등장한 CFC의 오존층 파괴 가설이 대기 중에서 실제 일어났다는 게 검증된 것이다.

그리고 놀랍게도 의도됐든 의도되지 않았든 이 두 연구의 전달 방식은 기가 막힌 마케팅이 됐다. 오존층의 두께가 얇아졌다는 과

[오존층 파괴 위성 사진]

1979년 남극 위 오존층 사진   VS   2008년 남극 위 오존층 사진

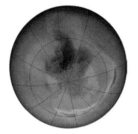 

출처 | NASA

학적 사실 대신 오존층에 '구멍이 뚫렸다'는 표현과 사진 한 컷은 대중의 뇌리에 깊숙이 박혔다. 또 오존층 파괴가 피부암의 발생 등 생명과 직결된다는 사실 역시 대중의 즉각적인 관심을 불러일으키기 충분했다. 이게 바로 지구온난화 문제와 비교되는 가장 큰 차이다.

일반인에게 지구의 기온이 연평균 몇 ℃씩 오르면 이상 기후로 인해 홍수, 가뭄 등의 자연재해가 더 많이 발생한다는 얘기는 모호하고 별로 와닿지 않는다. 특히 지구온난화의 원인이 되는 물질은 그 범주도 매우 넓다.

하지만 오존층 파괴 문제는 명확하다. '인류가 만든 CFC가 오존층에 구멍을 뚫었다', '오존층이 파괴되면 자외선 때문에 암에 걸려 죽는다', '그러니까 원인 물질인 CFC를 줄이자!' 정말 깔끔한 전개였다.

국제적 합의, 몬트리올 의정서

CFC가 실제로 오존층을 파괴하고 있다는 과학적 사실과 사회 구성원들의 인식 변화에 힘입어 2년 뒤 드디어 국제사회의 합의가 이루어졌다. 바로 '몬트리올 의정서'다. 1987년 20개국이 모여 CFC를 단계적으로 줄이고 대체 물질을 사용하자는 최초의 국제 환경협약을 맺었다.

당시 선진국들은 개발도상국이 CFC를 줄여나갈 수 있도록 재정적 지원을 아끼지 않았다. 또 CFC 관련 회사가 대체 물질을 연구할 수 있도록 연구비를 지원했다. 1992년에는 우리나라도 이 협약에 가입했다. 아마 1990년대 학창 시절을 보낸 사람들은 프레온가스와 오존층 파괴 문제에 대해 귀가 따갑도록 들었을 것이다. 거기엔 바로 이런 배경이 있었다.

현재는 부유한 나라와 가난한 나라를 가리지 않고 몬트리올 의

CFC 사용 규제를 약속한 몬트리올 의정서는 최초의 국제 환경협약으로 의미가 있다. 우리나라도 1992년 가입해 CFC 사용 규제에 동참 중이다.

정서에 가입한 국가가 196개국까지 늘었다. 오존층을 지키기 위해 거의 전 세계가 동참하고 있는 셈이다. 지금도 이 조약은 지속적으로 개정이 이루어지고 있고, 이 같은 노력은 긍정적인 결과로 이어졌다. CFC의 생산량은 몬트리올 의정서를 기점으로 줄었고, 나사는 남극의 오존층 두께가 회복세에 접어들었다고 밝혔다. 2060년쯤에는 오존층이 완전히 회복될 것으로 전망하고 있다. 즉 요즘 오존층 파괴 소식을 자주 접할 수 없던 이유는 이런 인류 사회의 노력 덕분이다.

만약 30년 전의 노력이 아니었다면 인류는 자외선으로 인해 더 큰 문제에 직면했을지 모른다. 지구온난화 역시 마찬가지 아닐까? 기후 변화를 막기 위한 노력이 지금 이루어지지 않는다면 30년 뒤 우리의 미래는 어떻게 될까?

개인적으로 작은 희망을 가져 본다. 늘 그렇듯 인류는 답을 찾을 것이고, 오존층 사례가 분명 그 길잡이가 되어 줄 거라고 말이다. "왜 요즘엔 지구온난화 이야기가 들리지 않을까?"라는 말이 나오는 세상이 오길 바라며….

지구에서 모든 세균이 사라지면 어떻게 될까?

여러분이 가진 세균에 대한 이미지도 이와 크게 다르지 않을 것이다.

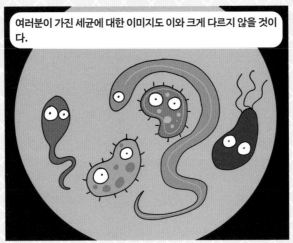

* 이 내용은 아르곤국립연구소에서 미생물을 연구하는 잭 길버트Jack A Gilbert 교수가 온라인 과학 저널 《플로스 생물학PLOS Biology》에 기고한 에세이 '미생물이 없는 세상의 삶Life in a World without Microbes'을 참고해 작성했으며, 단국대학교 과학교육과 민병미 교수님과 한양대학교 해양융합공학과 현정호 교수님께 조언을 받았습니다. 이 내용은 세균에 대한 과학적 사실을 근거로 작성되었지만 상상물인 만큼 너그러이 봐주시길 바랍니다.

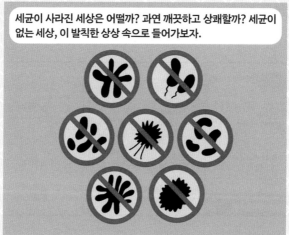

세균이 사라진다면? 행복 끝, 불행 시작?

세균이 사라진 세상, 그 시작은 참 행복해 보였다. 먼저 더 이상 땀 냄새가 나지 않았다. 사람 몸에서 나는 땀 냄새는 땀을 먹고사는 세균이 분비하는 화학물질에서 비롯되기 때문이다. 특히 '겨땀'을 먹고사는 '코리네박테륨'이 사라지면서 암내는 지구에서 자취를 감췄다. 그렇게 누구나 상쾌한 출근길이 됐다.

게다가 충치나 위염을 일으키는 세균도 사라지면서 병원엔 환

자가 없어 파리가 날리기 시작한다. 무엇보다 가장 놀라운 사실은 전 세계인의 몸무게가 1~2kg씩 빠졌다. 우리 몸에서 세균이 차지하는 무게가 무려 1~2kg이나 됐기 때문이다.

하지만 행복은 딱 여기까지다. 세균이 사라진 세상은 점차 병들기 시작했다. 먼저 초원에 사는 사슴, 기린, 양 같은 되새김 동물들이 죽어 나갔다. 이들 장 속에 살고 있던 셀룰로스 분해균이 사라졌기 때문이다. 셀룰로스 분해균은 되새김 동물이 먹은 식물을 분해해 각종 영양소를 만들고 이 중 75%는 다시 되새김 동물의 에너지원으로 사용된다. 따라서 셀룰로스 분해균이 사라지면서 되새김 동물은 굶어 죽었다.

인간 역시 무사하지 못했다. 인간 장 속에 사는 세균이 사라져 더 이상 장에서 비타민B 그룹과 비타민K 그룹을 만들지 못하게 됐다. 이 비타민들은 장 속의 대장균이나 프로피오니박테리움, 슈도모나스 등의 세균 없인 합성이 불가능하기 때문이다. 이렇게 인간은 영양소 파트너를 잃고 비타민 결핍증에 걸리기 시작했다. 또 인체의 면역 반응을 돕는 락토바실러스나 비피도박테리아가 사라지면서 인류의 건강 상태는 점점 나락으로 떨어졌다.

말라 죽는 식물들

세균이 사라지자 식물들은 말라 죽기 시작했다. 질소 공급원이 사라졌기 때문이다. 식물은 단백질을 만들기 위해 반드시 질소가 필요하지만, 공기 중의 질소 분자를 식물이 그대로 흡수해 사용할 수는 없다. 반드시 물에 녹은 질산이온 형태로만 흡수할 수 있다.

질소를 이온 형태로 만드는 녀석이 질소고정 세균, 암모니아화 세균, 질산화 세균이다. 흙 속에 사는 이 세균들은 공기 중 질소 분자의 결합을 깨서 암모늄 이온과 질산염을 만든다. 식물은 물에 녹은 이 물질을 흡수해 단백질을 생산한다. 이런 과정을 '질소 고정'이라고 하는데, 지구 전체 질소 고정량의 79%가 이 세균들에 의해 일어난다. 그러니 세균이 사라지면 식물은 단백질을 만들지 못해 죽을 수밖에 없다.

게다가 식물이 생존하려면 인, 포타슘(칼륨), 칼슘, 마그네슘, 황 같은 무기염류도 필요하다. 식물 뿌리 근처에 사는 세균들(식

[세균의 질소 고정 과정]

물 생육 촉진 근권 세균)이 이런 원소들을 암석에서 용해해 식물이 흡수할 수 있는 상태로 만든다. 심지어 식물 생장에 필요한 호르몬인 '인돌초산'을 만드는 세균도 있다. 따라서 세균이 사라지면 식물은 죽음을 맞이하고 결국 육상 생태계는 전멸한다.

무너지는 해양 생태계

세균이 사라지면 바다 생태계도 비극을 맞이한다. 바닷물 1ml에 무려 100만 마리의 세균이 살고 있다. 이 중 가장 흔한 남세균은 해양 광합성량의 절반을 담당한다. 그렇다면 다음 상황이 상상되는가? 그렇다. 남세균이 사라지면 바다의 광합성량은 급격히 줄고, 빛이 닿는

[남세균이 사라져 산소가 부족해진 바다]

바다 중층(표층~1km)의 산소 농도 역시 급격히 떨어진다. 그러면 수많은 해양생물이 죽고, 지구의 바다는 그야말로 사해로 변한다.

심해도 무사하지 못하다. 심해열수구 주변에 사는 심해 세균은 이곳에서 뿜어져 나오는 철, 황 등의 물질로 유기물을 만들어 다른 심해 생물의 삶을 지탱해 준다. 그런데 이 세균들이 사라지면 심해의 유기물이 바닥나고, 결국 심해 생태계는 그대로 붕괴한다.

또 육지와 마찬가지로 바다의 질소가 부족해진다. 해양 질소 고정량의 50% 이상을 담당하는 '트리코데스미움'이라는 세균이 있다. 이 녀석이 사라지면 해양생물의 단백질원인 질소가 급감한다. 결국 해양 생태계도 무너질 수밖에 없다.

온난화 최대치로 불지옥이 된 지구

무엇보다 지구는 조금씩 뜨거워진다. 남세균이 사라지고 식물이 죽은 여파로 광합성량이 75%나 줄어든 반면 동물의 호흡으로 발생한 이산화탄소가 계속 쌓여 온실효과가 커지기 때문이다. 그 결과 극지방의 얼음이 녹고 얼음에 갇혀 있던 온실기체가 1.7×10^{15}kg 방출되면서 지구온난화가 가속화된다(출처는 국제영구동토층협회). 특히 매년 3,000억kg의 메테인을 소비하는 메테인 산화 고세균이 사라지면서 문제는 심각해진다. 이로 인해 이산화탄소보다 25배나 온실효과가 큰 메테인기체가 지구 대기에 걷잡을 수 없이 퍼지게 된다. 그야말로 지구는 불지옥으로 변해버린다.

끝으로 육지와 바다 가릴 것 없이 지구에는 수많은 생물의 시체 탑이 만들어진다. 생태계의 분해자인 세균이 사라지면서 죽은 생물의 사체가 썩지 않기 때문이다. 죽은 생물이 분해되는 자연의 순환이 멈춘 것이다. 곰팡이도 분해자 역할을 하지만 대개 산성과 수분이 많은 환경에서만 활동한다. 때문에 세균 없이 곰팡이 혼자 분해자 역할을 모두 감당한다는 건 사실상 불가능하다.

자, 그럼 처음 세균에 대한 이미지를 다시 떠올려보자. '극혐'이었던 세균이 사라졌지만, 아이러니하게도 세균이 사라진 지구에는 오직 죽음만 남았다. 다시 질문하겠다. 여러분이 생각하는 세균에 대한 이미지는 어떤가?

수십억 년의 세월을 버텨온 지구와 생명의 역사에는 때론 신

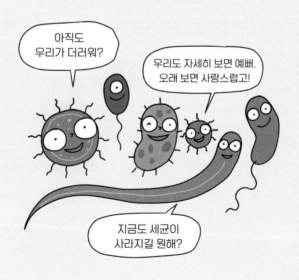

기하면서도 어쩔 땐 기괴하리만치 이상한 현상들과 생명들로 넘쳐 난다. 하지만 자세히 들여다보면 진화, 판의 운동처럼 모두 자연에 존재하는 다양한 법칙에 따라 현재에 이른 것이다. 그리고 그 법칙 들은 지금도 여전히 유효하다. 이제는 주위를 둘러보면서 '저건 왜 우리 곁에 남아있는 걸까?', '그 안에 숨겨진 과학적 비밀은 무엇일 까?'를 떠올려보며 자연에 공감하고 깊이 몰입해 보는 시간을 가져 보면 어떨까?

끝으로, 하버드대학교 자연사 교수이자 존경하는 자연사학자 인 앤드류 놀Andrew H. Knoll 박사의 지구와 생명을 바라보는 관점을 여러분들과 공유하고 싶다.

"우리는 40억 년에 걸친 물리적 및 생물학적 유산 위에 서 있 다. 우리는 삼엽충이 고대 해저를 기어 다녔던 곳, 공룡이 은행나무 가 빽빽했던 언덕을 쿵쿵거리며 다녔던 곳, 매머드가 얼어붙은 평 원을 돌아다녔던 곳을 걷고 있다.

예전에는 그들의 세계였지만, 지금은 우리의 세계다. 물론, 우 리와 공룡의 차이는 우리가 과거를 이해하고 미래를 내다볼 수 있 다는 것이다. 우리가 물려받은 세계는 우리의 것임과 동시에 우리 가 책임져야 하는 것이기도 하다. 다음에 어떻게 될지는 우리에게 달려 있다."

_앤드류 놀, 《지구의 짧은 역사》 중에서

참고 문헌

Chapter 1. 기묘하게 얽히고설킨 지구 이야기

우주 탄생부터 인류 문명까지, 138억 년의 여정
앤드루 H. 놀, 《지구의 짧은 역사》, 이한음 옮김, 다산사이언스, 2021
리처드 도킨스, 《조상 이야기》, 이한음 옮김, 까치, 2018

200만 년간의 장마가 공룡 시대를 열었다?
Michael J. Simms; Alastair H. Ruffell, (1989). "Synchroneity of climatic change and extinctions in the Late Triassic."
Jacopo dal corso et al., (2020). "Extinction and dawn of the modern world in the Carnian(Late Triassic)."
Michael J. Benton et al., (2018). "The Carnian Pluvial Episode and the origin of dinosaurs."
Massimo Bernardi et al., (2018). "Dinosaur diversification linked with the Carnian Pluvial Episode."

지구 역사상 가장 지루했던 10억 년! 무슨 일이 있었던 걸까?
Nick Eyles, (2006). "Glacio-epochs and the supercontinent cycle after~3.0 Ga: Tectonic boundary conditions for glaciation."
Heda Agic et al., (2017). "Diversity of organic-walled microfossils from the early Mesoproterozoic Ruyang Group, North China Craton-a window into the early eukaryote evolution."
Stefan Bengtson et al., (2017). "Three-dimensional preservation of cellular and subcellular structures suggests 1.6 billionyear-old crown-group red algae."
F. A. Macdonald, R. Wordsworth, (2017). "Initiation of Snowball Earth with volcanic sulfur aerosol emissions."

역사상 가장 강력했던 온난화, 지구를 어떻게 바꿨을까?

더글러스 팔머, 《지구 100 2》, 김지원 옮김, 청아출판사, 2018

Kennett, J.P et al., (1991). "Abrupt deep-sea warming, palaeoceanographic changes, and benthic extinctions at the end of the Palaeocene."

Timothy J. Bralower et al., (2002). "New evidence for abrupt climate change in the Cretaceous and Paleogene."

Philip D. Gingerich, (2003). "Mammalian responses to climate change at the Paleocene-Eocene boundary: Polecat Bench record in the northern Bighorn Basin, Wyoming."

Lourens, L.J. et al., (2005). "Astronomical pacing of late Palaeocene to early Eocene global warming events."

Henk Brinkhuis et al., (2006). "Episodic fresh surface waters in the Eocene Arctic Ocean."

Morgan F. Schaller et al., (2016). "Impact ejecta at the Paleocene-Eocene boundary."

Johann P. Klages et al., (2020). "Temperate rainforests near the South Pole during peak Cretaceous warmth."

페름기 대멸종, 지구를 포맷하다?

피터 브래넌, 《대멸종 연대기》, 김미선 옮김, 흐름출판, 2019

Henk Visscher et al., (2004). "Environmental mutagenesis during the end Permian ecological crisis."

Henrik H. Svensen et al., (2018). "Sills and gas generation in the Siberian Traps."

https://en.wikipedia.org/wiki/Siberian_Traps.

Cindy V. Looy et al., (2004). "Environmental mutagenesis during the end-Permian ecological crisis."

Jonathan L. Payne et al., (2007). "Paleophysiology and end-Permian mass extinction."

Jonathan L. Payne et al., (2018). "Temperature-dependent hypoxia explains biogeography and severity of end-Permian marine mass extinction."

사막 한가운데의 오아시스, 어떻게 만들어지는 걸까?

꿈꾸는 뉴런, 《사막에는 비밀이 많아!》, 휘슬러, 2012

Chapter 2. 듣도보도 못한 고대 생물 이야기

티타노보아는 왜 그렇게 거대했을까?

James Gillooly et al., (2001). "Effects of size and temperature on metabolic rate."

Jason J. Head et al., (2009). "Giant boid snake from the Palaeocene neotropics reveals hotter past equatorial temperatures."

Scott L. Wing et al., (2009). "Late Paleocene fossils from the Cerrejon Formation, Colombia, are the earliest record of Neotropical rainforest."

J. M. Kale Sniderman, (2009). "Biased reptilian palaeothermometer?"

Edwin a Cadena et al., (2014). "The fossil record of turtles in colombia; A review of the discoveries, research and future challenges."

고대 비버의 크기는 곰만 했다고?

유콘 베린지아 자연사 박물관, https://bit.ly/2YxCtPa.

R.F. Miller et al., (2000). "A giant beaver(Castoroides ohioensis Foster) fossil from New Brunswick, Canada."

Anthony L. Swinehart et al., (2001). "Paleoecology of a Northeast Indiana wetland harboring remains of the Pleistocene Giant beaver(Castoroides ohioensis)."

Natalia Rybczynski, (2007). "Castorid Phylogenetics: Implications for the Evolution of Swimming and Tree-Exploitation in Beavers."

J. Tyler Faith, (2011). "Late Pleistocene climate change, nutrient cycling, and the megafaunal extinctions in North America."

Tessa Plint et al., (2019). "Giant beaver palaeoecology inferred from stable isotopes."

Tessa Plint et al., (2020). "Evolution of woodcutting behaviour in Early Pliocene beaver driven by consumption of woody plants."

고래가 물속이 아닌 육지를 두 발로 걸어다녔다고?

Philip D. Gingerich et al., (1981). "PAKICETUS INACHUS, A NEW ARCHAEOCETE (MAMMALIA, CETACEA) FROM THE EARLY-MIDDLE EOCENE KULDANA FORMATION OF KOHAT (PAKISTAN)."

J. G. M. Thewissen et al., (2001). "Skeletons of terrestrial cetaceans and the relationship ofwhales to artiodactyls."

J. G. M. Thewissen et al., (2009). "From Land to Water: the Origin of Whales, Dolphins, and Porpoises."

스테고사우루스 등에 있는 골판은 어떤 일을 했을까?

Marsh, Othniel Charles, (1880). "Principal characters of American Jurassic dinosaurs, part III."

Davitashvili L, (1961). "The Theory of sexual selection. Izdatel'stvo Akademia nauk SSSR."

James O. Farlow et al., (1976). "Plates of the Dinosaur Stegosaurus: Forced

Convection Heat Loss Fins?"

James O. Farlow et al., (2010). "Internal vascularity of the dermal plates of Stegosaurus(Ornithischia, Thyreophora)."

Revan, A. et al., (2011). "Reconstructing an Icon: Historical Significance of the Peabody's Mounted Skeleton of Stegosaurus and the Changes Necessary to Make It Correct Anatomically."

V. de Buffrénil et al., (2016). "Growth and function of Stegosaurus plates: evidence from bone histology."

박진영, 《공룡열전》, 뿌리와이파리, 2015

파라사우롤로푸스는 머리 위의 볏을 어디에 사용했을까?

Parks, W.A, (1922). "Parasaurolophus walkeri, a new genus and species of trachodont dinosaur."

Abel, Othenio, (1924). "Die neuen Dinosaurierfunde in der Oberkreide Canadas."

Wiman, C., (1931). "Parasaurolophus tubicen, n. sp. aus der Kreide in New Mexico."

Romer, Alfred Sherwood, (1933). "Vertebrate Paleontology. University of Chicago Press."

Sternberg, Charles M., (1935). "Hooded hadrosaurs of the Belly River Series of the Upper Cretaceous."

Colbert, Edwin H., (1945). "The Dinosaur Book: The Ruling Reptiles and their Relatives."

Ostrom, John H., (1962). "The cranial crests of hadrosaurian dinosaurs."

Maryanska, T. Osmólska, H., (1979). "Aspects of hadrosaurian cranial anatomy."

Tom Williamson et al., (1996). "Scientists Use Digital Paleontology to Produce Voice of Parasaurolophus Dinosaur."

Weishampel, D.B., (1981). "Acoustic Analysis of Vocalization of Lambeosaurine Dinosaurs(Reptilia: Ornithischia)."

Evans, D.C., (2006). "Nasal cavity homologies and cranial crest function in lambeosaurine dinosaurs."

박진영, 《공룡열전》, 뿌리와이파리, 2015

왜 바퀴 달린 동물, 날개 달린 유인원은 없을까?

찰스 S. 코켈, 《생명의 물리학》, 노승영 옮김, 열린책들, 2021

생명 시스템에서의 회전 운동, https://bit.ly/3TZAuu7.

리처드 불리엣, 《The Camel and the Wheel낙타와 바퀴》, 컬럼비아대학교 출판부, 1990

리처드 불리엣 칼럼, https://bit.ly/3TEvECM.

리처드 도킨스 칼럼, https://bit.ly/3SVz9Ut.

https://en.wikipedia.org/wiki/Fitness_landscape.

안드레아스 바그너, 《진화와 창의성》, 우진하 옮김, 문학사상, 2020
트라반트 기사, https://bit.ly/3NidJiX.
Geerat J. Vermeij, (2015). "Forbidden phenotypes and the limits of evolution."

Chapter 3. 오묘하고 신비한 동물 이야기

대왕고래는 어떻게 지구에서 가장 큰 동물이 됐을까?
대왕고래 크기에 관한 내셔널지오그래픽 기사, https://on.natgeo.com/3We3C1T.
J. A. Goldbogen et al., (2011). "Mechanics, hydrodynamics and energetics of blue
    whale lunge feeding: efficiency dependence on krill density."
대왕고래 섭취 칼로리 기사, https://bit.ly/2BUaavV.
Graham J. Slater et al., (2017). "Independent evolution of baleen whale gigantism
    linked to Plio-Pleistocene ocean dynamics."
안날리사 베르타 박사 인터뷰, https://bit.ly/3WbdpFP.

귀상어의 머리는 왜 이토록 기묘하게 생겼을까?
D. M. McComb et al., (2009). "Enhanced visual fields in hammerhead sharks."
Andrew P. Martin et al., (2010). "Phylogeny of hammerhead sharks (Family
    Sphyrnidae) inferred from mitochondrial and nuclear genes."
Glenn R. Parsons et al., (2020). "A hydrodynamics assessment of the hammerhead
    shark cephalofoil."

옛날 옛적엔 뱀도 다리가 있었다고?
https://en.wikipedia.org/wiki/Snake.
Haas, G., (1979). "On a new snakelike reptile from the Lower Cenomanian of Ein
    Jabrud, near Jerusalem."
Lee, M.S.Y. and Caldwell, M.W., (1998). "Anatomy and relationships of Pachyrhachis,
    a primitive snake with hindlimbs."
캘드웰 교수의 주장, https://revistapesquisa.fapesp.br/en/when-snakes-had-paws.
Zaher, H. et al., (2006). "A Cretaceous terrestrial snake with robust hindlimbs and a
    sacrum."
Michael W. Caldwell et al., (2015). "The oldest known snakes from the Middle
    Jurassic-Lower Cretaceous provide insights on snake evolution."
Catherine G. Klein et al., (2017). "A new basal snake from the mid-Cretaceous of
    Morocco."
Laura N. Trivino et al., (2018). "First Natural Endocranial Cast of a Fossil Snake
    (Cretaceous of Patagonia, Argentina)."

R Alexander Pyron et al., (2013). "A phylogeny and revised classification of Squamata, including 4161 species of lizards and snakes."

T. D. KAZANDJIAN et al., (2021). "Convergent evolution of pain-inducing defensive venom components in spitting cobras."

오리너구리는 멸종하지 않고 어떻게 살아남았을까?

JOHN D. PETTIGREW, (1999). "ELECTRORECEPTION IN MONOTREMES."

J. E. GREGORY, (1988). "RECEPTORS IN THE BILL OF THE PLATYPUS."

Wesley C. Warren et al., (2008). "Genome analysis of the platypus reveals unique signatures of evolution."

Matthew J. Phillips et al., (2009). "Molecules, morphology, and ecology indicate a recent, amphibious ancestry for echidnas."

https://www.scientificamerican.com/article/extreme-monotremes.

Maria A. Nilsson et al., (2010). "Tracking Marsupial Evolution Using Archaic Genomic Retroposon Insertions."

Camilla M Whittington et al., (2010). "Novel venom gene discovery in the platypus."

Allison M. Kohler et al., (2019). "Ultraviolet fluorescence discovered in New World flying squirrels(Glaucomys)."

Guojie Zhang et al., (2020). "Platypus and echidna genomes reveal mammalian biology and evolution."

Paula Spaeth Anich et al., (2020). "Biofluorescence in the platypus(Ornithorhynchus anatinus)."

E.R. Olson et al., (2021). "Vivid biofluorescence discovered in the nocturnal Springhare(Pedetidae)."

까마귀가 다른 새들보다 더 똑똑하다고?

Gavin R. Hunt, (1996). "Manufacture and use of hook-tools by New Caledonian crows."

Gavin R. Hunt et al., (2007). "Innovative pandanus-tool folding by New Caledonian crows."

Bird CD, Emery NJ, (2009). "Insightful problem solving and creative tool modification by captive nontool-using rooks."

Sarah A. Jelbert et al., (2014). "Using the Aesop's Fable Paradigm to Investigate Causal Understanding of Water Displacement by New Caledonian Crows."

A. M. P. von Bayern et al., (2018). "Compound tool construction by New Caledonian crows."

Martin Stacho et al., (2020). "A cortex-like canonical circuit in the avian forebrain."

Felix Strockens et al., (2022). "High associative neuron numbers could drive cognitive performance in corvid species."

Pavel Nemec et al., (2016). "Birds have primate-like numbers of neurons in the forebrain."

Palmyre H. Boucherie et al., (2019). "What constitutes 'social complexity' and 'social intelligence' in birds? Lessons from ravens."

Natalie Uomini et al., (2020). "Extended parenting and the evolution of cognition."

심해 생물들은 왜 이토록 거대해졌을까?

William Gearty et al., (2018). "Energetic tradeoffs control the size distribution of aquatic mammals."

C.R. McClain et al., (2001). "The relationship between dissolved oxygen concentration and maximum size in deep-sea turrid gastropods: an application of quantile regression."

M R Frazier et al., (2001). "Interactive effects of rearing temperature and oxygen on the development of Drosophila melanogaster."

Jianhai Xiang et al., (2022). "Genome of a giant isopod, Bathynomus jamesi, provides insights into body size evolution and adaptation to deep-sea environment."

Lloyd S. Peck et al., (2016). "Latitudinal and depth gradients in marine predation pressure."

Rui Rosa et al., (2010). "Slow pace of life of the Antarctic colossal squid."

Hideki Kobayashi et al., (2012). "The Hadal Amphipod Hirondellea gigas Possessing a Unique Cellulase for Digesting Wooden Debris Buried in the Deepest Seafloor."

Callum M. Roberts, (2002). "Deep impact: the rising toll of fishing in the deep sea."

Chapter 4. 한번쯤 궁금했던 인류 이야기

오스트랄로피테쿠스는 어떻게 살았을까?

https://en.wikipedia.org/wiki/Australopithecus_afarensis.

Johanson, Donald C et al., (1978). "A New Species of the Genus Australopithecus (Primates: Hominidae) from the Pliocene of Eastern Africa."

Jackson K. Njau et al., (2008). "Crocodylian and mammalian carnivore feeding traces on hominid fossils from FLK 22 and FLK NN 3, Plio-Pleistocene, Olduvai Gorge, Tanzaniaq."

Renaud Joannes-Boyau et al., (2019). "Elemental signatures of Australopithecus africanus teeth reveal seasonal dietary stress."

Shannon P. McPherron et al., (2010). "Evidence for stone-tool-assisted consumption of animal tissues before 3.39 million years ago at Dikika, Ethiopia."

https://en.wikipedia.org/wiki/Makapansgat_pebble.

W. I. Eitzman, (1958). "REMINISCENCES OF MAKAPANSGAT LIMEWORKS AND ITS BONE-BRECCIAL LAYERS."

Robert G. Bednariks, (2013). "Pleistocene Palaeoart of Africa."

Jeremy M. DeSilva et al., (2017). "Neonatal Shoulder Width Suggests a Semirotational, Oblique Birth Mechanism in Australopithecus afarensis."

사라진 유전자는 인류를 어떻게 진화시켰을까?

Guy Drouin et al., (2011). "The Genetics of Vitamin C Loss in Vertebrates."

Richard J. Johnson et al., (2010). "Theodore E. Woodward Award: The Evolution of Obesity: Insights from the Mid- Miocene."

Barry Halliwell (2001). "Vitamin C and genomic stability."

Mario C. De Tullio, (2010). "The Mystery of Vitamin C By."

Amelie Montel-Hagen et al., (2008). "Erythrocyte Glut1 Triggers Dehydroascorbic Acid Uptake in Mammals Unable to Synthesize Vitamin C."

Hans-Konrad Biesalski et al., (2019). "Glut-1 explains the evolutionary advantage of the loss of endogenous vitamin C-synthesis: The electron transfer hypothesis."

James T. Kratzer et al., (2014). "Evolutionary history and metabolic insights of ancient mammalian uricases."

사이언티픽 아메리칸 인터뷰, https://bit.ly/3T0xQV7.

Ze Li et al., (2022). "Phylogenetic Articulation of Uric Acid Evolution in Mammals and How It Informs a Therapeutic Uricase."

니나 자블론스키, 《Skin 스킨》, 진선미 옮김, 양문, 2012

쓴맛 관련 참고 기사: https://bit.ly/3fFmnv4, https://bit.ly/3VazLaY.

George H. Perry et al., (2015). "Insights into hominin phenotypic and dietary evolution from ancient DNA sequence data."

왜 인류의 뇌는 점점 작아지는 걸까?

Maciej Henneberg, (1988). "Decrease of Human Skull Size in the Holocene."

기후 변화 가설: 크리스토퍼 스트링거 박사 인터뷰, https://bit.ly/3Oywe23.

John Hawks, (2011). "Selection for smaller brains in Holocene human evolution."

Clark Spencer Larsen et al., (2019). "Bioarchaeology of Neolithic Çatalhöyük reveals fundamental transitions in health, mobility, and lifestyle in early farmers."

HelenM. Leach, (2003). "Human Domestication Reconsidered."

A M Balcarcel et al., (2021). "Intensive human contact correlates with smaller brains: differential brain size reduction in cattle types."

뇌 축소 가설에 관한 여러 과학자들의 의견, https://bit.ly/3ye8sD2.

Jeremy M. DeSilva et al., (2021). "When and Why Did Human Brains Decrease in

Size? A New Change-Point Analysis and Insights From Brain Evolution in Ants."

브루스 후드, 《뇌는 작아지고 싶어 한다》, 조은영 옮김, 알에이치코리아, 2021

브라이언 헤어, 버네사 우즈, 《다정한 것이 살아남는다》, 이민아 옮김, 디플롯, 2021

유발 하라리, 《사피엔스》, 조현욱 옮김, 김영사, 2015

정보 외장화 및 분업화 관련 기사, https://bit.ly/3OElZZV.

왜 인간의 몸은 엉망징창으로 설계돼 있을까?

마티 조프슨, 《당신이 인간인 이유》, 제효영 옮김, 쌤앤파커스, 2021

리처드 도킨스, 《조상 이야기》, 이한음 옮김, 까치, 2018

네이선 렌츠, 《우리 몸 오류 보고서》, 노승영 옮김, 까치, 2018

사람니는 왜 삐뚤빼뚤 이상하게 날까?

Stedman, Hansell H et al., (2005). "Myosin gene mutation correlates with anatomical changes in the human lineage."

Yousuke Kaifu et al., (2015). "Unique Dental Morphology of Homo floresiensis and Its Evolutionary Implications."

가장 미스터리한 고대 인류, 호모 날레디에 대하여

리 버거, 존 호크, 《올모스트 휴먼》, 주명진·이병권 옮김, 뿌리와이파리, 2019

Lee R Berger et al., (2015). "Homo naledi, a new species of the genus Homo from the Dinaledi Chamber, South Africa."

Lee R Berger et al., (2017). "Homo naledi and Pleistocene hominin evolution in subequatorial Africa."

Ralph L. Holloway et al., (2018). "Endocast morphology of Homo naledi from the Dinaledi Chamber, South Africa."

Paul HGM Dirks et al., (2017). "The age of Homo naledi and associated sediments in the Rising Star Cave, South Africa."

https://en.wikipedia.org/wiki/Homo_naledi.

Chapter 5. 당신이 미처 몰랐던 기후환경 이야기

공룡 멸종이 아마존 밀림을 탄생시켰다고?

Mónica R. Carvalho et al., (2021). "Extinction at the end-Cretaceous and the origin of modern Neotropical rainforests."

Wu et al., (2017). "Shade inhibits leaf size by controlling cell proliferation and enlargement in soybean."

Scientific American 기사, https://bit.ly/3Cd8fQT.

사이언스 타임즈 기사, https://bit.ly/3CjMSxt.

회색곰과 북극곰의 잡종은 어떻게 탄생했을까?

Beth Shapiro et al., (2013). "Genomic Evidence for Island Population Conversion Resolves Conflicting Theories of Polar Bear Evolution."

Jodie D. Pongracz et al., (2017). "Recent Hybridization between a Polar Bear and Grizzly Bears in the Canadian Arctic."

Larisa R. G. DeSantis et al., (2021). "Dietary ecology of Alaskan polar bears(Ursus maritimus) through time and in response to Arctic climate change."

크리스 서빈(Chris Servheen) 교수 인터뷰, https://bit.ly/3jBEGjC.

엘린 로렌첸(Eline Lorenzen) 박사 칼럼, https://go.nature.com/3jWfPaB.

Ed Yong 칼럼, https://bit.ly/3KIadwk.

남극 얼음이 모두 녹으면 어떻게 될까?

Mathieu Morlighem et al., (2019). "Deep glacial troughs and stabilizing ridges unveiled beneath the margins of the Antarctic ice sheet."

요즘 왜 오존층 파괴 소식이 들리지 않을까?

Mario J. Molina & F. S. Rowland., (1974). "Stratospheric sink for chlorofluoromethanes: chlorine atom-catalysed destruction of ozone."

J. C. Farman, B. G. Gardiner & J. D. Sahnklin., (1985). "Large losses of total ozone in Antarctica reveal seasonal ClOx/NOx interaction."

Susan E. Strahan Anne R. Douglass., (2018). "Decline in Antarctic Ozone Depletion and Lower Stratospheric Chlorine Determined From Aura Microwave Limb Sounder Observations."

https://svs.gsfc.nasa.gov/30602.

지구에서 모든 세균이 사라지면 어떻게 될까?

Jack A. Gilbert et al, (2014). "Life in a World without Microbes."

에드 용, 《내 속엔 미생물이 너무도 많아》, 양병찬 옮김, 어크로스, 2017

기울리아 엔더스, 《매력적인 장 여행》, 배명자 옮김, 와이즈베리, 2014

김응빈, 《나는 미생물과 산다》, 을유문화사, 2018

Collins SM et al, (2009). "he Relationship Between Intestinal Microbiota and the Central Nervous System in Normal Gastrointestinal Function and Disease."